기후 위기 허구론

대한민국은 기후 악당국인가?

박석순 지음

어문학사

저자 서문: 신은 위대하다

지구가 더워지고 있다. 더워지는 지구는 인간이 내뿜는 이산화탄소 때문이다. 2000년까지 온난화 추세를 중단하지 못하면 해수면 상승으로 많은 해안 도시와 섬나라가 사라질 것이다. 이것이 1988년에 나온 지구온난화 이론이다. 그런데 10년이 지난 1997년 5월부터 온난화 추세가 중단됐다. 그러자 이번에는 기후가 변한다. 기후변화는 인간 때문이다. 일상생활에서부터 산업 활동에 이르기까지 인간의 자유롭고 풍요로운 삶을 그대로 두면 기후 대재앙이 온다. 이것이 지금의 기후변화 이론이다.

처음에는 그럴 것도 같았다. 그래서 그렇게 믿었다. 그런데 이것이 1970년대에 있었던 환경 종말론과 비슷하다는 생각이 들었다. 지구온난화라 했다가 기후변화로 바뀌는 것도 이상했다. 2017년 미국 트럼프 대통령이 파리기후변화협약을 탈퇴하면서 완전 사기라는 말을 공개적으로 하는 것을 보고 뭔가 알아봐야겠다는 호기심이 생겼다.

이렇게 시작한 기후변화 공부는 나에게는 일생에서 가장

흥미진진하고 보람된 일이었다. 덕분에 많은 해외 석학들과 교류하며 단 몇 년 만에 새로운 분야의 최고급 지식을 공유할 수 있었다. 그동안의 공부에서 얻은 결론은 한마디로 "신은 위대하다."였다. 그리고 공부한 중요한 과학과 명백한 증거 자료를 모든 국민에게 알려야겠다는 사명감을 느꼈다. 특히 기후 대재앙 공포로 울부짖고 악몽에 시달리며 앞선 세대를 원망하는 우리의 아이들을 구하는 일이 시급했다.

누구나 지구 대기에 온실효과가 있는 이산화탄소가 증가하고 동시에 지구가 더워진다는 사실을 알게 되면 지구온난화 이론을 믿게 된다. 여기에 유엔과 언론이 광적인 선동에 나서고 여론 과학자들이 선지자로 행세하면서 기후 대재앙이 임박했다는 공포를 조성하여 더욱 그렇다. 그래서 모두가 집단 최면에 빠지게 된 것이다. 하지만 이 책을 읽고 나면 신의 축복을 오인한 인간의 아둔함이 사이비 종교를 만들었음을 깨닫게 될 것이다.

나에게 놀라운 지식을 알려준 책은 지난 2021년 4월에 역서로 낸 『불편한 사실』이었다. 그리고 2021년 11월에 역서로 낸 『종말론적 환경주의』와 2022년 봄에 감수를 한 『지구를 구한다는 거짓말』은 놀라운 지식에 확신을 준 책이었다. 그러다 뜻밖에 2023년 2월에는 영국의 유명 논픽션 작가와 함께 『기후 종말론』이라는 저서도 냈다.

지난 몇 년 동안 해외 석학들과 교류하면서 소중한 지식뿐만 아니라 과분한 영광도 얻었다. 2021년 말에는 미국 트럼프 대통령 기후에너지 핵심 참모들이 모여 있는 이산화탄소연맹(CO2 Coalition) 회원으로 초대받았고, 2022년 초에는 세계기후지성인 연합(Clintel)으로부터 세계기후선언 한국 대사(Ambassador)로 임명받았다. 그리고 2023년 8월에는 유엔 기후변화에 관한 정부 간 협의체(IPCC)의 대재앙 예측이 잘못됐음을 밝히는 18개국 37명의 학술 논문에 한국 대표 저자로 참여했다.

『기후 종말론』 출간 한 달 만에 다시 이 책을 시작하게 된 것은 지난 3월 20일에 나온 유엔 IPCC 6차 종합보고서의 "지구 존폐 10년 내 결정된다."라는 충격적인 결론 때문이었다. 수많은 과학적 모순과 데이터 조작에 기초한 보고서임에도 불구하고 국내 언론은 기후 대재앙 임박을 기정 사실로 받아들여 사실 검증도 없이 국민을 공포에 빠트렸다. 이에 대한 반박을 체계적으로 정리하여 국민께 알려야겠다는 사명감이 첫 번째 이유였다.

또 다른 이유는 미국의 하트랜드연구소(Heartland Institute)가 보급하는 초중고 학생들과 선생님들을 위한 『Climate at a Glance for Teachers and Students』와 같은 기후변화 간편 확인서가 우리나라에서도 절실히 요구된다고 생각했기 때문이었다. 호주에서도 2023년 8월 Clintel의 세계기후선언 호주 대사인 이안 플리머(Ian Plimer) 교수가 『The Little Green Book』이라는 책을 초등학생용(For Ankle Biters), 중고등학생용(For Teens), 20대와 어르신용(For Twenties & Wrinklies), 세

편으로 나누어 출간했다. 또 미국 이산화탄소연맹에서는 학생들에게 바른 기후 지식을 알리기 위해 만화로 된 『Once upon a Time: a True Story about the Miracle Molecule - Carbon Dioxide』를 제작하여 보급하고 있고, 플로리다주 정부는 학교에서 기후 위기는 없음을 알리는 비디오(Climate-Denial Video)를 상영토록 했다. 우리나라도 이 책을 시작으로 학교 및 사회 교육에 큰 변화가 오길 기대한다.

『기후 종말론』을 출간한 이후, 교회, 교사단체, 시민단체, 경제포럼, 도의회 등에 초청 강의를 다니면서 잘못된 기후 위기로 인해 일어나는 심각한 사회경제적 병폐를 실감했다. 모든 국민이 기후 위기와 탄소 중립에 깊이 세뇌되어 있었다. 그리고 우리나라는 당연히 기후 범죄국이고 사회경제적 대가를 치러야 한다는 생각을 하고 있었다. 소수이긴 하지만 국내에서도 기후 위기는 없음을 꿰뚫어 보는 분들이 나라를 바로 세우는 일이라며 격려해주고 동참해줘서 정말 감사했다. 특히 몇몇 언론에서는 인터뷰 기사로 이를 세상에 알리는 데 도와줘서 큰 힘이 됐다.

이 책은 누구나 쉽고 간편하게 기후 위기 허구성을 확인할 수 있도록 저술했다. 1장에서는 국내 사례를 통해 기후 위기는 터무니없는 거짓말이며 이로 인해 심각한 사회적 병폐가 나타남을 알렸다. 2장에서는 기후 위기라는 사이비 종교를 만들어낸 가짜 재앙들을 증거 자료로 반박했다. 3장과 4장에서는 1970년대의 환경 종말론에서 지금의 기후 종말론까지 이어지는 과정을 소개하고, 5장과 6장에서는 이산화탄소는 어떤 물질인지, 그리고 기후변화의 진짜 원인은 무엇인지 설명했다. 7장에서는 신의 축복을 오인한 인간의 아둔함이 기후 종말론을 만들었으며 대한민국은 기후 악당국이 아니라는 결론을 내렸다. 에필로그에서는 자유민주주의 헌법정신으로 돌아가야 함을 역설했다.

끝으로 그동안 진짜 기후과학을 알려주신 훌륭한 해외 석학들과 책의 저술과 출간에 도움을 주신 분들께 감사드린다. 이 책에 들어간 주요 그림과 내용을 흔쾌히 보내준 캐나다의 패트릭 무어(Patrick Moore), 미국의 윌리 순(Willie Soon), 영국의 데이비드 크레이그(David Craig), 스위스의 라스 쉐르니카우(Lars Schernikau) 등 해외 동지들께 특별한 고마움을 전한다. 그리고 나의 저술 활동에 항상 함께 해주는 윤석전 사장님과 멋진 책을 만들어준 어문학사 편집부 김수현·조은별님께도 깊은 감사를 드린다. 아울러 환경 이념을 함께하고 격려와 응원을 아끼지 않는 한국자유환경총연맹 동지들과 출간의 기쁨을 함께하고자 한다. 모쪼록 모든 국민이 이 책을 통해 신의 위대함을 깨닫고 희망찬 삶을 살아갈 수 있길 바란다.

2023년 10월

청계산 옛골 자유환경연구원에서

박 석 순

목차

The doomsters' favorite subject today is climate change. This has a number of attractions for them. First, the science is extremely obscure so they cannot easily be proved wrong. Second, since clearly no plan to alter climate could be considered on anything but a global scale, it provides a marvelous excuse for worldwide, supra-national socialism.

Margaret Thatcher

제1장

기후 위기는 없다

종말론을 퍼트리는 자들이 오늘날
좋아하는 주제는 기후변화다. 이것은
그들에게 몇 가지 매력을 가지고 있다.
첫째, 이는 과학이 아주 모호하기 때문에
그들이 틀렸다는 것을 쉽게 입증하기 어렵다.
둘째, 기후를 변경하기 위한 계획은 분명
지구 전체 규모에서만 고려될 수 있으므로,
이는 세계적이고 초국가적인 사회주의화에
놀라운 명분을 제공한다.

마가렛 대처(Margaret Thatcher)
영국 제71대 총리

제1장
기후 위기는 없다

우리는 날씨와 함께 하루를 시작한다. 오늘은 맑고 쾌청한가? 구름이나 안개는 없나? 덥고 습한가? 춥고 바람이 부나? 눈이나 비가 오나? 오전 오후는 어떻게 다른가? 기온은 하루 동안 어떻게 변하나? 일교차는 얼마나 되나? 날씨는 이처럼 우리 일상생활의 일부다.

지구온난화에서 기후 위기로

언제부터인가 우리는 지구온난화라는 말에 익숙해졌고, 이제는 기후변화, 기후 위기, 기후 비상사태와 같은 말을 들으며 지구와 인류의 미래를 걱정하게 됐다. 과거에는 일기예보만 하던 언론이 지금은 기후 재난에 더 많은 시간과 지면을 할애하고 있다. 가뭄, 홍수, 폭염, 폭우, 태풍, 산불 등

국내외 모든 자연재해를 다 모아 기후 위기라고 통칭하면서 인간 때문이라고 경고한다. 최근에는 대재앙이 임박했다는 기후 종말론까지 등장하게 됐다.

이제 거의 모든 사람이 기후 위기는 실존하고 원인은 지구 대기에 증가하고 있는 이산화탄소 때문이라고 확신하고 있다. 특히 어린아이들은 언론의 공포 방송과 학교 교육으로 인해 원래 지구에 없었던 가뭄, 홍수, 폭염, 폭우, 태풍, 산불 등과 같은 자연현상들이 최근에 등장하여 자신들을 죽음으로 몰아간다고 생각하게 됐다. 그리고 기후 재난의 근본 원인은 우리의 산업 문명과 화석연료 사용에 있으며 이를 극복하기 위해서는 전 세계 모든 나라가 유엔기후변화협약에 따라야 한다고 믿게 됐다. 그 결과 지금 우리의 의식주와 일상생활에는 탄소 중립이라는 족쇄가 채워졌다.

우리는 그 족쇄를 당연한 것으로 받아들이고 있다. 하지만 지구의 기후과학은 우리에게 전혀 다른 사실을 알려주고 있다. 이 책을 조금만 더 읽어 내려가면 깜짝 놀랄 과학적 사실들을 마주하게 될 것이다.

먼저 기후 위기라는 단어부터 따져 보자. 이 단어는 우리가 겪고 있는 기후변화가 위기에 이르게 됐다는 의미다. 그런데 지난 2021년 미국 백악관 과학기술정책국 기후변화정보요약서(Climate Change Information Brief)는 기후 위기는 과학적으로 조합될 수 없는 단어라고 명시하고 있다.[1] 왜냐하면 기후변화란 기온이나 강수량과 같은 날씨의 주요 특징이 적어도 30년 이상 수십 수백 년에 걸쳐 길고 느리게 변화하는 것을 말하고, 위기는 긴박한 상태를 의미하는데 둘을 합하는 것은 과학적으로 부적합하다는 지적이다. 다시 말하면 기후위기라는 단어는 곧 "비 오는 밝은 달밤"과 같이 앞뒤 함께 할 수 없는 조합이 된다는 것이다.

우리가 매일 접하는 기후 소동에는 이처럼 과학적으로 또는 역사적으로 따져 보면 깜빡 속고 있는 것들이 너무 많다. 우선 최근 몇 년 동안 언론에 등장했던 몇 가지 사례를 보자.

2022년 8월 9일 서울의 강남역 일대가 폭우로 침수되는 일이 발생했다. 언론은 도로에서 쏟아지는 폭우로 침수된 차량과 허둥거리는 시민들의 영상을 생방송으로 내보내면서 기후 대재앙이 시작됐다며 호들갑을 떨었다. 이후 나온 기상청 자료(그림 1-1)를 보면 서울의 1시간 최다 강수량은 1942년 8월 5일(118.6mm)과 1964년 9월 13일(116.0mm)에 있었다. 또 1일 최다 강수량 기록은 1920년 8월 2일(354.7mm)과 1998년 8월 8일(332.8mm)이었다. 과거 대기 이산화탄소 농도가 낮은 시기에도 서울에 강한 폭우가 있었음을 확인시켜 주고 있다.

---

1 Is There a "Climate Emergency"? Office of Science and Technology Policy, Executive Office of the President of the United States, 2021

침수 사건이 있었던 20 22년 8월 8~9일에 서울의 시간당 최다 폭우 강도를 보면 동작구 141.5mm, 강남구 116mm, 서초구 110.5mm로 관측됐다. 침수가 발생한 강남역 유역에 해당하는 강남구와 서초구보다 오히려 동작구에 더 많은 비가 왔다. 그런데 동작구가 아닌 강남역에서 침수 사건이 발생했다는 것은 원인이 폭우 강도에 있음이 아니라 땅에 있었음을 알려준다. 강남역 부근의 지형에 적합한 배수가 이루어지지 않았기 때문이란 것이다. 이미 오래전부터 대책의 필요성이 제기되어 왔지만 방치했다는 사실을 서울시도 스스로 인정했다.

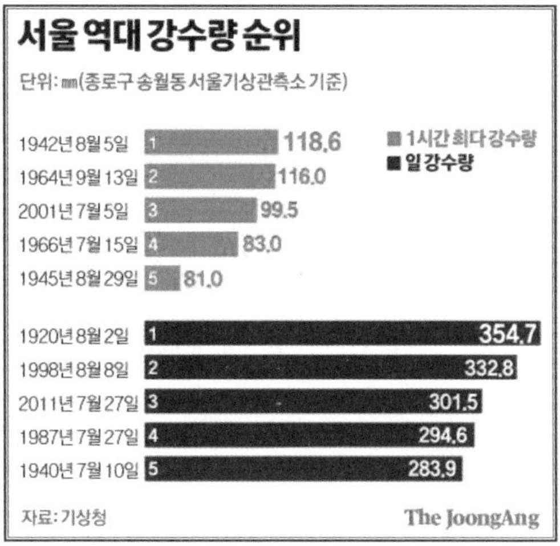

그림 1-1: 서울의 역대 강수량 순위

그림 1-2: 2022년 8월 당시 KBS 뉴스

그런데 모든 언론은 "탄소 못 줄이면 강력 폭우·홍수 급증한다."라며 엉뚱하게도 우리의 삶을 탓하고 있었다(그림 1-2). 연이어 나온 신문 칼럼도 유엔기후변화 보고서 최후통첩이라며 온실가스 줄이기를 당장 시작해야 한다고 주장하고 있었다.[2] 우리의 삶이 하늘을 노하게 했으니 지금 당장 온실가스를 줄여야 한다고 호통치고 있었다.

지금 우리는 모든 기상 이변이 기후 위기 때문이고 탄소 중립만이 대책이라는 이상한 집단 최면에 걸려 있다. 이 책의 저술 목적 중 하나는 독자들로 하여금 이 어처구니없는 집단 최면에서 깨어나도록 하는 것이다.

스발바르로 간 언론들

서울의 강남역 침수 사건을 계기로 KBS 시사기획 창은 "고장난 심장, 북극의 경고"라는 프로를 제작하여 8월 23일 방송했다.[3] 제작진은 전문가들과 함께 북극 지점에 가장 가까운 섬 노르웨이 스발바르에 가서 기온이 상승하고 북극해빙하가 녹고 있음을 알리려는 영상을 만들었다(그림 1-3). 기후 대재앙이 임박했음을 우리 국민에게 경고하는 것이 방송 의도였다. 함께 간 극지 전문가는 북극은 우리 몸의 심장과 같은 역할을 하는데 고장이 났다고 울부짖는 표정을 연출하고 있었다(그림 1-4).

---

2 100년 만의 폭우, 더 세지고 잦아질 수도, 권원태, 중앙일보, 2022년 8월 15일 https://www.joongang.co.kr/article/25094311#home

3 https://news.kbs.co.kr/news/view.do?ncd=5539932

JTBC도 뒤질세라 2023년 1월 27일 신년 대기획 “세 개의 전쟁”이라는 프로에서 “최후의 전쟁, 기후 위기”를 방송했다. 간판스타 손석희가 스발바르까지 가서 “재앙은 홀로 오지 않는다.”라며 생물 대멸종과 종말의 위기 소동을 벌이고 있었다.[4] 등장하는 전문가라는 자들은 방송 취지에 맞춰 아무 말이나 떠들고 있었다.

그림 1-3: 스발바르 제도와 북극의 위치

그림 1-4: KBS와 JTBC 스발바르 방송

하지만 과학적 사실은 이들의 주장과 전혀 다르다. 두 방송국은 안타깝게도 많은 예산과 노력을 투자해서 시청자들에게 터무니없는 거짓말을 한 것이나 다름없다.

---

4 https://tv.jtbc.co.kr/replay/pr10011555/pm10066429/ep20191556/view

그림 1-5는 미국 항공우주국(NASA)이 제공한 아이슬란드의 수도 레이캬비크(Reykjavik)에서 관측된 1900년부터 지금까지의 기온 변화다. 그림에 기술하고 있듯이 지난 1980년부터 지금까지만 보면 인간이 배출한 이산화탄소로 인한 기온 상승처럼 보인다. 하지만 과거 1900년부터 지금까지 기온 변화를 보면 주기적 변화에 일부 불규칙한 요인이 있음을 확인할 수 있다. 아이슬란드와 스발바르 제도 인근을 흐르는 북대서양 해류는 60~80년 주기로 수온이 크게 변한다는 사실은 이미 학계에서는 알려져 있다.[5] 따라서 지금의 기온 상승은 1940년대에 있었던 현상의 반복임에 불과하다. 다시 말하면 우리의 삶과 전혀 무관한 자연현상임이라는 것이다.

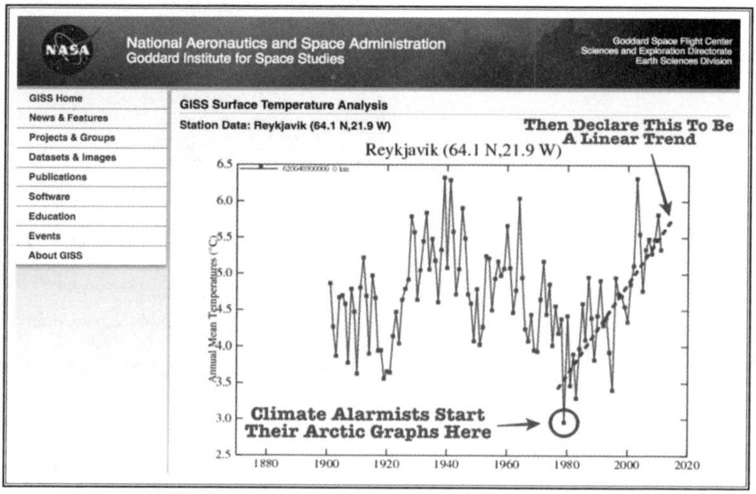

그림 1-5: 아이슬란드 수도 레이캬비크의 기온 변화, 기후 선동가들은 1980년부터 지금까지의 기온 상승만을 제시하고 있다

5 지구를 구한다는 거짓말, 스티브 쿠닌 저, 박설영 역, 한경BP, 2022년

그뿐만 아니라 이 지역은 북아메리카 지각판(North American Plate)과 유라시아 지각판(Eurasian Plate)이 만나는 곳이다. 그래서 지층이 불안하고 마그마의 용출 잠재력이 큰 곳이다. 과학 잡지 『뉴사이언티스트』는 2008년 수심 5,500m의 해저에 높이 500m의 가켈 리지(Gakkel Ridge)라 불리는 해저 산등성에서 화산이 폭발했음을 보도했고, 화산이 폭발한 세 지점과 채취한 라바(Lava, 화산에서 나온 용암이 굳은 암석) 등 여러 증거가 학계에 보고되고 있다(그림 1-6).[6] 또 두 지각판이 지나는 아

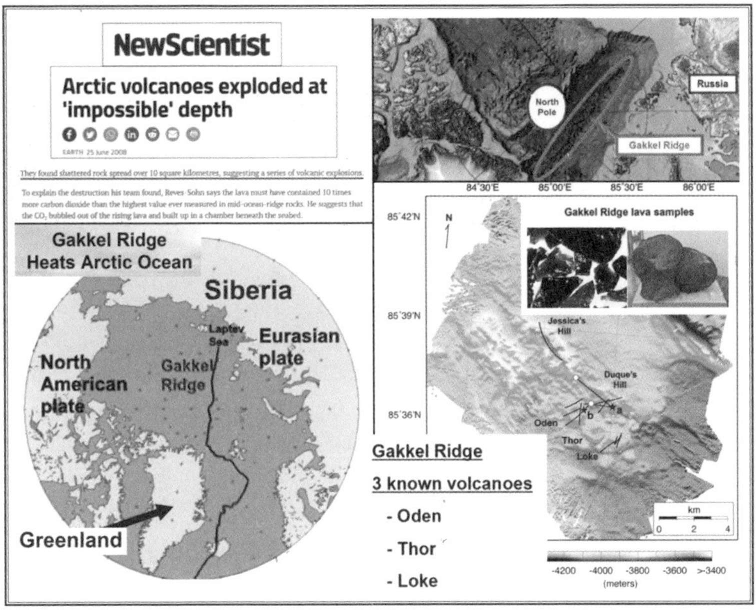

그림 1-6: 두 지각판이 만나는 가켈 리지의 북극해 가열과 화산폭발 증거

6 Variations in melting dynamics and mantle compositions along the Eastern Volcanic Zone of the Gakkel Ridge, Wanless et al, 2014
https://link.springer.com/article/10.1007/s00410-014-1005-7

이슬란드에는 여러 개의 화산이 있고 스발바르 제도 남쪽에는 지열대(Geothermal Area)가 있다(그림 1-7). 현재 스발바르 제도 남쪽에는 새로운 에너지원으로 지열 개발을 추진하고 있다.[7] 또 인근 그린란드에는 야외 온천이 있어 주요 관광 코스로 활용되고 있다.[8]

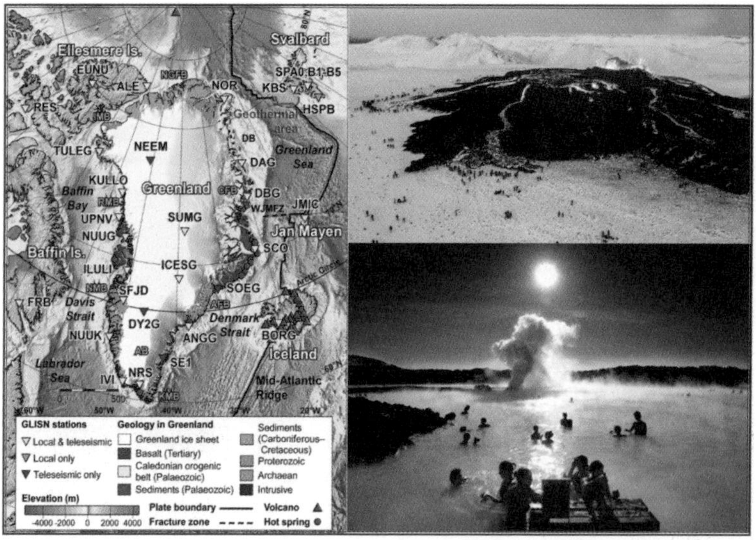

그림 1-7: 스발바르, 그린란드, 아이슬란드 지역의 화산, 온천, 지열대, 오른쪽 위는 아이슬란드 화산, 아래는 그린란드 온천

이러한 자료를 종합해보면 극지 전문가와 기후과학자라는 자를 동반해서 스발바르까지 가서 인간이 배출한 이산화탄소

---

7 Drilling for Heat Storage in Svalbard, High North News, Mar 16 2021 https://www.highnorthnews.com/en/drilling-heat-storage-svalbard

8 Visit Greenland, https://visitgreenland.com/things-to-do/hot-springs/

로 지구의 심장에 고장이 났다거나 "인류 최후의 전쟁, 기후 위기"라는 프로를 제작한 방송사들은 기후 위기에 세뇌되어 과학적으로 검증되지 않는 사실을 시청자들에게 알린 것이다.

흥미로운 증거는 그림 1-8에 또 있다. 왼쪽은 1958년 8월 11일 미국 해군 잠수함 스케이트(Skate)가 북극해 극지점 해수면 위로 올라와 찍은 사진으로 미국 해군연구소(Naval Institute)에서 제공한 것이다. 왼쪽은 같은 해 10월 19일 이를 보도한 뉴욕 타임스 기사다. 잠수함 스케이트와 노틸러스(Nautilus)가 최근 북극해를 항해했다는 소식을 보도하면서 우리 아이들 시대에는 선박이 뉴욕에서 도쿄까지 북극해를 통해 항해하게 될 것이며 이렇게 되면 지금과 같이 파나마 운하를 통과하는 것보다 2,500마일 줄어들게 된다는 설명도 하고 있다.

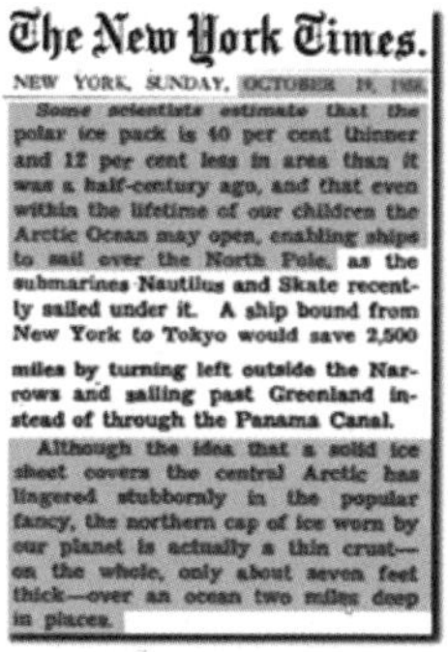
The New York Times.

NEW YORK, SUNDAY, OCTOBER 19, 1958

Some scientists estimate that the polar ice pack is 40 per cent thinner and 12 per cent less in area than it was a half-century ago, and that even within the lifetime of our children the Arctic Ocean may open, enabling ships to sail over the North Pole, as the submarines Nautilus and Skate recently sailed under it. A ship bound from New York to Tokyo would save 2,500 miles by turning left outside the Narrows and sailing past Greenland instead of through the Panama Canal.

Although the idea that a solid ice sheet covers the central Arctic has lingered stubbornly in the popular fancy, the northern cap of ice worn by our planet is actually a thin crust—on the whole, only about seven feet thick—over an ocean two miles deep in places.

그림 1-8: 1958년 8월 11일 북극해 극지점 해수면 위로 올라온 미해군 잠수함과 이를 보도한 뉴욕 타임스 기사

이 사진과 기사는 당시 북극해 온난화로 여름철 북극해 빙하가 오늘날보다 더 많이 녹았음을 입증해주고 있다.

남극대륙의 빙하와 화산지대

TV조선은 남극의 온난화를 보도했다(그림 1-9). 2023년 4월 11일 9시 뉴스에서 남극대륙의 여름에 해당하는 지난해 12월 우리나라 장보고 기지 부근에 얼음이 녹아 비행기가 착륙할 수 없었다는 소식을 전했다. 뉴질랜드 크라이스트처치에서 비행기로 8시간에 갈 수 있는 곳을 배로 8일이나 걸리게 됐다는 뉴스였다. 지구온난화로 인한 기후변화가 가장 극적으로 나타나는 곳이 바로 남극이라며 현지 우리 대원들이 비행기 착륙 불가로 이를 체감하고 있다는 요지였다.

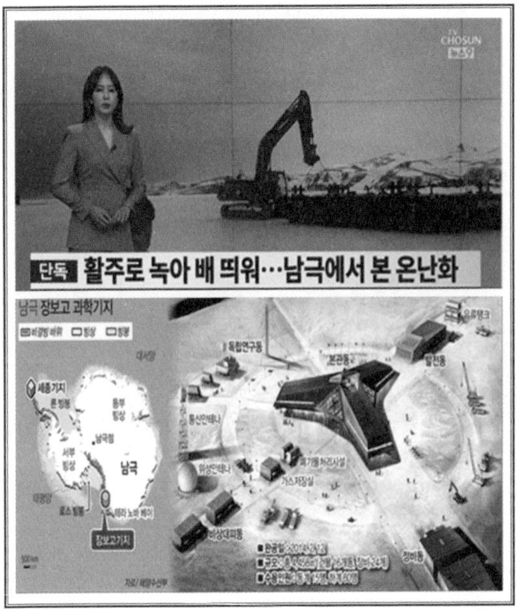

그림 1-9: TV조선 뉴스와 남극 장보고 기지

이 방송을 본 시청자들은 온난화로 지구에 심각한 변화가

일어나고 있음을 믿을 수밖에 없다. 하지만 남극대륙의 과학적 자료를 검토해보면 이 방송 역시 가짜 뉴스를 퍼뜨리고 있음을 알 수 있다.

1,400만 km^2 면적의 남극대륙은 아시아, 아메리카, 아프리카에 이어 세계에서 네 번째로 큰 대륙이다. 지구 표면의 10%에 해당하는 이 거대한 대륙은 동서 두 개의 지각판으로 이루어져 있다(그림 1-10). 그런데 서쪽 지각판에는 138개의 화산이 있다. 이 중 91개는 2017년에 공개됐다. 특히 에레버스산(Mt. Erebus) 과 디셉션섬(Deception Island)에는 현재 불을 뿜는 활화산이 있다. 또 디셉션섬에는 관광객이 즐기는 노천 온천

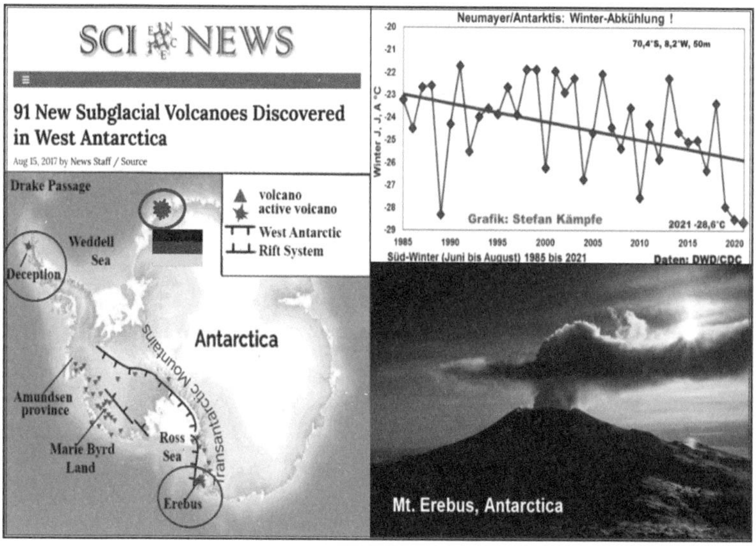

그림 1-10: 남극대륙의 화산 발견 소식, 활화산,
그리고 동쪽 독일 기지의 기온 하강 자료

도 있다.[9] 장보고 기지는 활화산이 있는 에레버스산 가까이에 위치해 있다.

동쪽 지각판에는 최고 3.5km의 높이에 달하는 지구 최대의 얼음 덩어리가 쌓여 있다. 2015년 미국 항공우주국(NASA)은 남극대륙에 매년 쌓이는 눈이 녹아내리는 양보다 많다는 공식 발표를 했다. 현재 순 증가량은 연간 820억 톤으로 지구 다른 곳에서 녹아내린다는 빙하 총량을 상쇄하고 남는다(2장 40쪽 그림 2-3 참고). 그리고 동쪽에 있는 여러 국가의 연구 기지에서 관측한 기온 추이를 보면 대부분 떨어지고 있다. 그림 1-10의 오른쪽 위 그래프는 독일 기지의 남반구 겨울철(6~8월) 기온 관측 데이터로 추워지는 경향이 뚜렷하다.

그림 1-11은 남극대륙의 바람과 주변 바다의 해류다. 그림에서 보듯이 서쪽 대륙은 동쪽보다 비교적 따뜻한 바람과 해

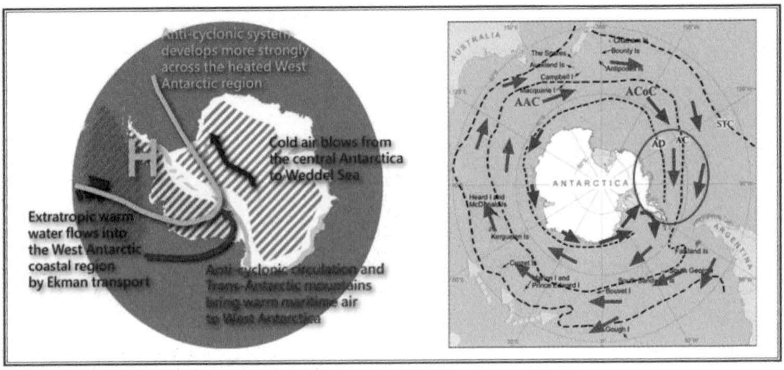

그림 1-11: 남극대륙의 바람과 해류 특성

9 Deception Island Hot Springs Antarctica,
https://www.tophotsprings.com/deception-island-hot-springs-antarctica

류가 들어오고 있다. 그래서 서쪽 대륙에는 인간에 의한 온난화가 아니라 화산활동, 지열, 해류, 바람의 영향 등으로 육지에서 밀려 내려와 바다 위에 있는 빙하(빙붕: Ice Shelf)는 균열이 일어나 떨어져 나갈 때가 자주 있다. 언론은 빙붕이 무너지는 극적인 장면을 방송에 내보면서 인간에 의해 기후 대재앙이 온다고 공포감을 조성하고 있다. 그런데 영상 제작자의 충격적인 고백이 저서를 통해 세상에 알려지게 됐다.[10]

> 추운 남극대륙에서 아무리 기다려도 빙붕이 붕괴하지 않았기 때문에 극적인 장면을 연출하기 위해 헬리콥터로 빙하에 폭약을 설치하고 원격 조종 장치로 폭파했다는 것이다.

남극대륙에 쌓이는 빙하는 강물이 바다로 흘러가듯이 밀려 내려가 바닷물이 돼야 한다. 이것은 지구의 정상적인 물순환이다. 다시 말하면 남극대륙 연안에서 빙붕의 붕괴는 당연히 일어나는 현상이다. 계속 쌓이다 무게를 견디지 못하면 붕괴하여 바다로 떠내려갈 수밖에 없다. 위성 관측 자료를 분석한 최근 논문을 보면 지난 2009년부터 2019년까지 서쪽 해안은 감소했고 다른 곳은 증가했다. 놀랍게도 남극대륙의 총 해안 빙하면적은 5,305km^2 증가한 것으로 밝혀졌다(2장 41쪽 그림 2-4 참고). 인간이 지구의 기후를 망친다는 망상에 빠

---

10 Reporting Live from the End of the World, David Shukman, IPS-Profile Books, 2011

진 자들은 극히 정상적인 지구의 물순환에 폭약까지 동원하여 영상을 조작하고 있다.

기후 위기로 체제 전복 도모

한반도의 역사를 되돌아보면 기후 재난은 다반사였다. 반복되는 가뭄과 홍수로 기우제와 기청제는 왕의 연례 행사였다. "가뭄이 들어 백성들이 서로 잡아먹었다. 가뭄에 저자(장터) 거리에서 죽은 자의 인육을 팔았다."라는 충격적인 기록도 역사서에 나온다. 1442년 세계 최초로 측우기를 발명한 것도 그만큼 절실했기 때문이다. 1876년부터 1905년까지 이어진 30년 대가뭄은 조선왕조 멸망의 원인이 되기도 했다. 1925년 대홍수는 피해액이 국가 1년 예산의 58%를 차지할 정도였다. 이 모두가 인간의 화석연료 사용이 거의 없었고 지구 대기 이산화탄소 농도 또한 300ppm도 되지 않았을 시기에 있었던 기후 재난이다.

지난 반세기 동안 과학과 기술이 발달하고 나라가 부강해지면서 기상 예측력이 향상되고 국토를 선진화하여 가뭄과 홍수 피해는 크게 줄어들었다. 그런데 언론은 작은 가뭄이나 홍수에도 무조건 기후 위기를 들먹이고 있다.

그것도 모자라 일반인은 확인할 수 없는 북극해 빙하와 북극곰, 남극대륙 빙하, 그리고 태평양 산호초까지 동원하여 가짜 뉴스를 만들어내고 있다. 북극은 북대서양 해류로 인해 주기적인 기온 변화를 겪고 남극대륙의 연안 해빙은 붕괴하는 것이 지구의 정상적인 물순환 과정이다. 또 극지방에서 일어나는 화산활동과 높은 지열이 과학적으로 확인됐다.

언론은 과거에도 일어났고 전혀 새로울 것도 없으며 당연히 일어나는 자연현상을 충격적인 영상으로 만들어 기후 대재앙이 임박했다며 우리를 겁주고 있다. 하지만 이 가짜 기후 뉴스들로 인한 우리 사회의 병폐는 상상을 초월할 정도로 심각하다. 인류 역사상 가장 풍요롭고 행복한 시대에 태어난 우리의 아이들은 기후 재앙 공포로 악몽을 꾸고 앞선 세대들이 지구를 망쳐 자신들은 일찍 죽게 되었다고 울부짖고 있다.

그림 1-12는 2021년 9월 영국 바스대(University of Bath) 등 미국과 유럽의 6개 대학이 10개국의 만 16~25세 청년 1만 명을 공동 설문 조사한 결과다.[11] 응답자 83%가 인류는 지구를 지키는 데 실패했다, 60%가 기후변화를 극도로 걱정한다고 답했다. 45% 이상은 기후변화에 대한 불안이 일상생활에 영향을 미친다고 응답했고 56%는 인류가 망했다고 여기는 것으로 나타났다. 2020년 10월 우리나라 초록우산어린이재단이 청소년 500명을 대상으로 조사한 결과 88.4%가 기후변

---

11 "미래가 겁나요"… 기후우울 덮치자, Z세대는 출산도 포기했다. 서울신문 2021년 11월 1일

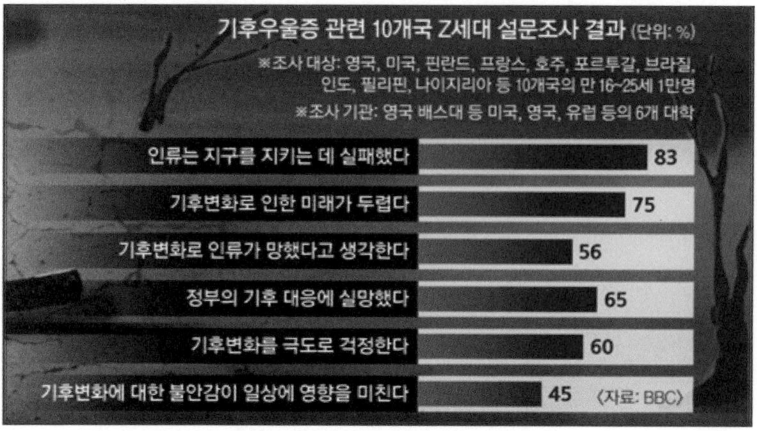

그림 1-12: 기후 우울증 관련 10개국 설문 조사 결과
(서울신문, 2021년 11월 1일)

화로 불안해하는 것으로 나왔다. 실제로 기후 위기로 살기 어려워지는 날이 가까워지고 자신들의 생애에 지구가 멸망할 것으로 생각하고 있었다.

기후 우울증(Climate Depression) 또는 기후 불안증(Climate Anxiety)은 출산에도 영향을 미치는 것으로 나타났다. 영국 바스대 등 6개 대학 조사에 따르면 약 40%가 기후 위기 때문에 출산을 주저하게 된다는 것이다. 미국의 2019년 조사에서는 18~29세 38%가 출산을 계획할 때 기후변화를 고려해야 한다고 답했으며, 2018년 조사에서는 미국 부부 3분의 1이 기후변화가 자녀를 적게 낳는 데 영향을 줬다고 응답했다. 영국에서는 2018년부터 세계 지도자들이 기후 위기 방지 대책을 내놓지 않으면 아이를 낳지 않지 않겠다는 출산파업(Birth Strike) 캠페인을 벌이는 단체도 등장했다.

더욱 심각한 사회 현상은 가짜 재앙을 사회 체제 전복에 이용하려는 기후 정의 투사들이 등장하고 있다는 사실이다.

이들은 일상화된 기후 재난으로 자신들이 고통받고 있다며, 사욕을 위해 지구 생태계를 끊임없이 파괴하고 착취하는 기업과 이를 지속시키는 사회 체제를 전복해야 한다며 행동에 나서고 있다. 기업 자본가들이 온실가스를 배출하여 자신들을 기후 재난의 수렁에 빠트렸기 때문에 "이대로 살 수 없다."라며 화석연료와 생명파괴 체제의 종식을 넘어 사회 불평등을 끝내겠다는 것이다. 이는 곧 자유민주주의 시장경제를 끝내고 사회주의 계획경제로 가겠다는 의미다(그림1-13). 여기에 동조하는 환경 탈레반들은 풍요로운 삶을 누리는 자들과 이윤 추구 기업들을 향해 지구를 파괴하는 죄를 지었으니 사죄 명목의 후원금을 내라며 협박하고 있다.

그림 1-13: 사회주의만이 기후 위기 해법이라는 주장

여기에 정부가 앞장서 기후 위기와 탄소 중립을 외치며 그

동안의 경제 성장으로 기후 범죄국이 됐음을 스스로 인정하고 기후 악당국이라는 오명까지 뒤집어썼다.

도전받는 자유민주주의 시장경제

가짜 기후 위기로 인해 우리의 자유민주주의 시장경제는 이미 심각한 도전을 받고 있다. 대표적인 사례가 RE100과 EV100, C40이다. RE100(100% Renewable Electricity)과 EV100(100% Electric Vehicle)은 2014년 영국 비영리 단체의 주도로 시작된 재생 에너지와 전기차 사용 캠페인으로 기후 위기를 내세우며 시장경제를 무너뜨리고 있다. C40은 2005년 영국 런던 시장의 제안으로 세계 20대 대도시 시장모임(C20)으로 시작됐으나 지금은 96개 도시가 기후 위기 대응을 위해 시민의 일상생활에 대한 통제를 강화하려 하고 있다.

RE100 회원사들은 2050년까지 재생 에너지 100%를 사용하겠다고 약속하고, 직접 생산하거나 비싼 가격에 구입해야 한다. 이는 곧 기업이 기후 위기를 초래했으니 재생 에너지 생산에 후원하라는 것이나 다름없다. EV100은 보조금 없이는 전기차 판매가 안 되기 때문에 정부가 서민 세금을 빼앗아 전기차 타는 부자에게 주라는 것이다. C40은 시민의 의식주와 여행 자유까지 규제하려 한다. 예를 들어, 새 옷 구입은 2030년까지 39%, 2050년까지 66% 줄이고, 고기와 유제품 섭취량은 2030년까지 36%, 2050년까지 60%로 줄이며, 비행기 타는 횟수는 2030년까지 26%, 2050년까지 55%로 줄이는 계획을 추진하고 있다. 또 개인 소유 자동차 수를 2030년까지 24%, 2050년까지 51%로 줄이며, 건물 이용률을 개선해서 더 작은 집에 더 많은 사람을 살게 하고 더 오랫동안 가전제품을 사용하는 계획도 있다.

RE100에는 우리나라 삼성전자, 현대차, SK 등 대기업 상당수가 참여하고 있고, C40에는 서울시가 핵심 운영위원으로 활동하고 있다. 자유민주주의 시장경제를 훼손한 RE100과 EV100, C40은 결국 물가 상승, 세금 도둑, 행동 제한 등으로 나타나 피해는 국민에게 간다.

기후 진실로 사회 건강성 회복

지금 세계 곳곳에서 수많은 기후 진실을 추구하는 단체들이 인류 생존을 위협하고 문명 발전을 방해하는 유엔의 거짓 선동과 투쟁하고 있다. 현재 네덜란드에 본부를 두고 있는 세계 기후지성인 연합 크린텔(Clintel)을 비롯하여 미국 이산화탄소연맹(CO2 Coalition), 영국 지구온난화 정책재단(Global Warming Policy Foundation), 캐나다 과학의 친구들(Friends of Science), 독일 유럽기후에너지연구소(Europäisches Institut für Klima und Energie) 등이 대표적이다. 여기에는 수많은 과학자들이 함께하면서 기후변화 진실을 알리려고 노력하고 있다.

2023년 6월 26일 퀀텀코리아 2023 개막식에서 양자 역학에 관한 기조 강연을 위해 우리나라를 방문한 2022년 노벨물리학상 수상자 존 클라우저(John Clauser) 박사는 "나는 기후 위기란 없다고 생각한다, 유엔이 잘못된 정보를 퍼뜨리고 있다(거짓말을 하고 있다)."라고 공언했다. 그는 또 "기후 위기 낭설은 수십억 지구 인류의 복지와 세계 경제를 위협하는 과학의 위험한 부패다."라고 했다. 그 외에도 수많은 세계적인 과학자들이 기후 위기 허구성을 알리려 노력하고 있다. 1973년 노벨물리학상을 수상한 노르웨이 출신 이바르 예베르(Ivar Giaever) 박사는 세계 기후지성인 연합(Clintel)에서 "기후 비상사태는 없다(There Is No Climate Emergency)."라는 세계기후선언(World Climate Declaration)을 이끌고 있다. 2021년에 발표된 이 선언에는 2023년 9월 현재까지 전 세계 1,600여 명의 과학자들과 관련 학자들이 여기에 서명했다. 또 1998년 노벨물리학상 수상자 미국 스탠포드대 로버트 로플린(Robert Laughlin) 교수는 기후는 "인류가 통제할 수 있는 능력 밖"이라며 유엔 기후대책의 무의미함을 주장했다.

기후 위기 허구성을 세상에 알리는 일은 과학적 진실 규명 차원을 넘어 사회 체제 전복을 시도하는 자들로부터 자유민주주의 시장경제를 지키고 우리의 아이들을 가짜 재앙의 공포로부터 보호하는 일이다. 또 세계적인 경제 대국 자유 대한민국이 결코 기후 범죄국이 아님을 입증하는 일이다. 전 세계 용감한 지식인 그리고 위대한 과학자들과 연대하여 기후 위기라는 공포의 사이비 과학이 이 땅에 뿌리내리지 못하게 해야 한다. 또 언론의 부추김과 개인의 사욕을 위해 거짓과 침묵으로 일관하는 과학자들을 국가와 국민을 위해 주어진 사명을 다할 수 있도록 독려해야 한다.

이제 우리는 과학의 부패로부터 우리 사회의 건강성을 회복하기 위해 기후변화 진실을 찾아 나설 것이다. 왜 유엔이 거짓말을 하는지, 그리고 그 속에 숨겨진 기후 데이터 조작을 살펴보고, 기후 위기가 자유민주주의 시장경제를 공격하는 도구가 되기까지 어떤 역사적 흐름이 있었는지 알아보자.

The climate science has metastasized into massive shock-journalistic pseudoscience. The climate emergency narrative is a dangerous corruption of science that threatens the world's economy and the well -being of billions of people. IPCC is spreading misinformation and I don't believe there is a climate crisis.

John Clauser

제2장

사이비 종교를 만든 가짜 재앙들

기후과학이 대중 충격 언론용
사이비 과학으로 변질됐다. 기후 위기
낭설은 수십억 지구 인류의 복지와 세계
경제를 위협하는 과학의 위험한 부패다.
IPCC가 잘못된 정보를 퍼트리고 있다.
나는 기후 위기는 없다고 생각한다.

존 클라우저(John Clauser)
2022년 노벨물리학상 수상자

제2장
사이비 종교를 만든 가짜 재앙들

언론은 연일 수많은 가짜 기후 재앙 뉴스를 쏟아내고 있다. 극지방 빙하가 녹고 해수면이 상승하며, 북극곰이 멸종하고 산호초가 사라지며, 폭염과 산불이 증가하고, 기상 이변이 더욱 강하고 빈번해진다는 등이 대표적인 예다. 또 지구 생물의 대멸종이 일어나고, 결국 인류의 생존마저 위협받게 된다는 것이다. 하지만 관측 자료와 학술 논문은 이들의 주장과는 완전히 다르다.

북극곰과 극지방 빙하

지난 2022년 6월 5일 환경의 날을 맞아 한 광고회사가 초대형 3D 북극곰 영상을 만들어 서울 시청역 인근 건물 옥상 전광판에 올렸다(그림 2-1). 기후 위기의 심각성을 알리기 위해 북극곰이 멸종 위기에 처했음을 현실감 있게 표현하려는 의도였다. 주요 언론들은 이를 열심히 퍼 날랐고, 청소년들은 북극곰이 마치 자기 집의 반려동물 인양 눈물을 흘리면서 기후 위기에 세뇌되고 있었다.

그림 2-1: 서울 시청역에 출몰한 초대형 3D 북극곰

하지만 북극곰이 멸종 위기에 처했다는 소식은 이제 전 세계가 다 아는 가짜 뉴스다. 과거 북극곰의 개체 수가 위험한 수준으로 떨어진 적이 있었다. 원인은 인간의 무분별한 사냥 때문이었다. 그래서 1973년 북극을 둘러싼 5개국(미국, 캐나다, 노르웨이, 네덜란드, 구소련)이 노르웨이 오슬로에 모여 북극곰 보호 조약을 체결했다. 사냥이 금지되자 북극곰 개체 수는 빠르게 증가했다. 1960년에 5,000~15,000마리에서 2005년 약 24,500마리에서 2019년경에는 28,000마리 이상 증가했다.[1]

북극곰과 함께 등장하는 가짜 재앙 뉴스는 북극해와 남극대륙, 그리고 그린란드 빙하가 녹아내린다는 것이다. 또 바닷물이 더워져 산호초가 사라지고, 녹아내리는 빙하로 해안 도시가 수몰되며 섬이 사라진다는 뉴스도 기후 위기 단골 메뉴다.

---

1 The polar bear catastrophe that never happened, Susan Crockford 2019

하지만 관측 데이터를 보면 이 모든 것 또한 가짜 뉴스가 분명하다. 북극해 빙하는 3월에 가장 두껍게 얼고 9월에 많이 녹는다. 아래 그림 2-2는 북극해 빙하 9월의 크기를 보여주고 있다. 기후 선동가들은 1980년 이후만을 보여주면서 인간에 의한 기후 대재앙을 주장하고 있다. 그런데 전체 그림을 보면 북극해 빙하는 녹고 얼기를 반복하는 주기적인 현상임을 알 수 있다. 지난 1920~1930년대에 녹았다가 다시 얼기 시작했다. 특히 1960~1970년대 지구 냉각화 시기에 빙하가 급증했다. 그리고 1980년대 이후 다시 녹아내리고 있다. 북극해에서 일어나는 이 주기적인 현상은 북대서양 해류를 비롯한 여러 복합적인 원인이 중첩된 것임을 제1장(1장 18쪽

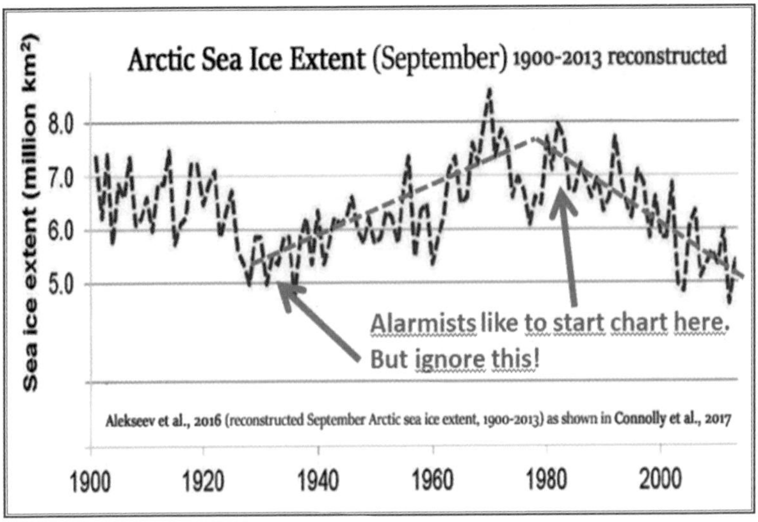

그림 2-2: 북극해 9월 빙하의 면적 변화

그림 1-5)에서 설명했다. 최근 위성에서 관측된 자료에 따르면 2012년 이후 다시 증가하는 것으로 알려져 있다.[2]

지구 표면적의 약 3%, 육지 면적의 약 10%는 빙하로 덮여있다. 북극해 빙하는 지구 전체 빙하 부피의 0.06%에 불과하며, 물 위에 떠 있기 때문에 모두 녹는다고 해도 해수면에는 아무런 변화가 없다. 그런데 육지에 빙하가 있는 남극대륙과 그린란드는 사정이 다르다. 이 두 곳에는 지구 전체 빙하의 85%와 13%가 지면으로부터 3km 이상의 높이로 쌓여있다. 만약 남극대륙에 있는 모든 얼음이 녹는다면, 해수면은 58m까지 상승할 수 있을 것이고, 그린란드 빙하도 모두 녹는다면 해수면은 8m 더 상승할 것이다.[3]

하지만 빙하가 녹아 해수면이 상승한다는 공포는 걱정할 필요가 없다. 남극대륙에는 연간 약 820억 톤의 새로운 빙하가 계속 쌓이고 있다. 이는 검증된 논문으로 밝혀졌고[4] 미항공우주국(NASA)도 2015년 공식 발표했다(그림 2-3).

남극대륙에 빙하가 증가하고 있다는 사실은 2023년 5월

---

2 Average monthly arctic sea ice extent, September 1979-2022 http://nsidc.org/arcticseaicenews/2022/10/no-sunshine-when-shes-gone/

3 The Mythology of Global Warming, Bruce C. Bunker, Moonshine Cove Publishing, 2018

4 Mass gains of the Antarctic ice sheet exceed losses, Zwally et al, J. of Glaciology, Vol. 61, No. 230, 2015 doi: 10.3189/2015JoG15J071

Dec. 12, 2016 12:30 p.m.
NASA
Topics | Missions | Galleries | NASA TV

Oct. 30, 2015

NASA Study: Mass Gains of Antarctic Ice Sheet Greater than Losses

A new NASA study says that an increase in Antarctic snow accumulation that began 10,000 years ago is currently adding enough ice to the continent to outweigh the increased losses from its thinning glaciers.

The research challenges the conclusions of other studies, including the Intergovernmental Panel on Climate Change's (IPCC) 2013 report, which says that Antarctica is overall losing land ice.

According to the new analysis of satellite data, the Antarctic ice sheet showed a net gain of 112 billion tons of ice a year from 1992 to 2001. That net gain slowed to 82 billion tons of ice per year between 2003 and 2008.

그림 2-3: 미국 항공우주국(NASA)의 남극대륙 빙하 증가 보도 자료

에 미국 미네소타대학교(University of Minnesota)와 영국 리드대학교(University of Leeds)가 공동으로 유럽지구과학회(European Geoscience Union)에 발표한 논문이 다시 한번 확인시켜 주고 있다.[5] 이 국제 공동연구팀은 남극대륙의 해안 빙하(Ice Shelf)에 대해 2009년부터 2019년까지 면적 변화를 위성사진을 분석했다. 해안 빙하 총 34개 중에서 18개는 줄어들었고 16개는 늘어났다. 그림 2-4에서 보듯이 주로 서쪽 대륙 연안의 빙하는 축소됐고 나머지 빙하는 크게 증가했다. 순증가 빙하 면적은 총 5,305km^2로 밝혀졌으며 이는 661Gt(기가톤)에 달

5 Change in Antarctic ice shelf area from 2009 to 2019, Andreasen et al, The Cryosphere, 2023, https://doi.org/10.5194/tc-17-2059-2023

한다. 지금까지 나온 신뢰할 수 있는 학술 연구에 따르면 남극 대륙은 육상 및 해안 빙하 모두 증가하고 있음이 분명하다.

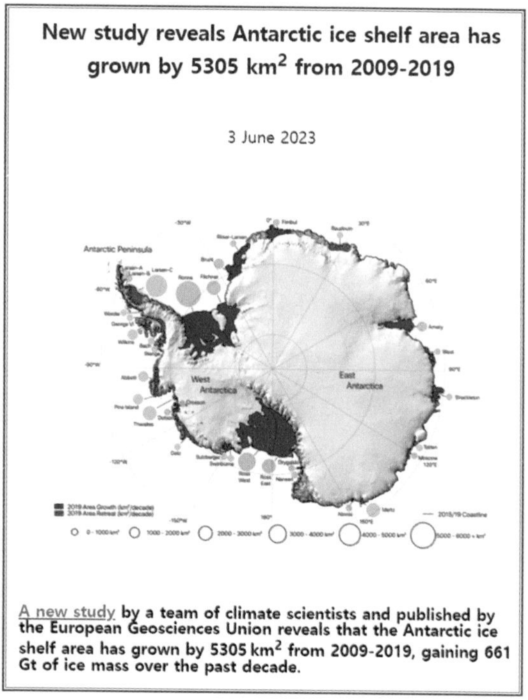

그림 2-4: 남극대륙의 해안 빙하 10년 동안 변화

언론은 그림 2-4의 푸른색 바다는 무시하고 붉은색 바다의 해안 빙하가 녹는다고 방송하고 있다. 그것도 헬리콥터로 빙하에 폭탄을 집어넣고 리모컨으로 터뜨리며 기후 대재앙 공포를 만들어내는 것이다. 하지만 일반인들은 남극대륙의 빙하가 어떻게 변하는지 확인할 방법이 없다. 지금 우리는 진짜 과학자들의 학술 논문만이 기후 대재앙 공포로부터 우리의 아이들을 지켜주는 시대에 살고 있다.

그린란드 빙하 또한 주기적인 자연현상이 반복될 뿐이다. 그린란드에는 중세 온난기에 수천 명의 바이킹이 정착하여 농경을 하며 살았고 15세기에 모두 떠났다는 역사적 사실이

비교적 자세히 기술되어 있다.[6] 중세 온난기에 그린란드 빙하가 상당 부분 녹았다는 사실 외에도 좀 더 최근인 1880년대부터 1940년대까지 지속된 온난화 시기에도 그린란드 기온은 오늘날과 비슷했거나 높았다는 사실은 여러 자료로 입증되고 있다.[7]

이러한 사실은 지난 2007년에 나온 미국 국립과학재단(NSF)의 보도에서도 확인할 수 있다. 앨 고어가 조만간 빙하가 모두 녹아 해수면이 6m 상승할 것이라는 『불편한 진실』로 2007년 10월 노벨평화상을 받는 것을 본 미국 국립과학재단은 두 달 뒤, 12월 6일 "그린란드 빙하가 녹는 것은 1920~1940년대에 일어났던 현상의 반복이기 때문에 인간에 의한 특이한 현상은 결코 아니다."라는 반박 자료를 내놓았다(그림 2-5).

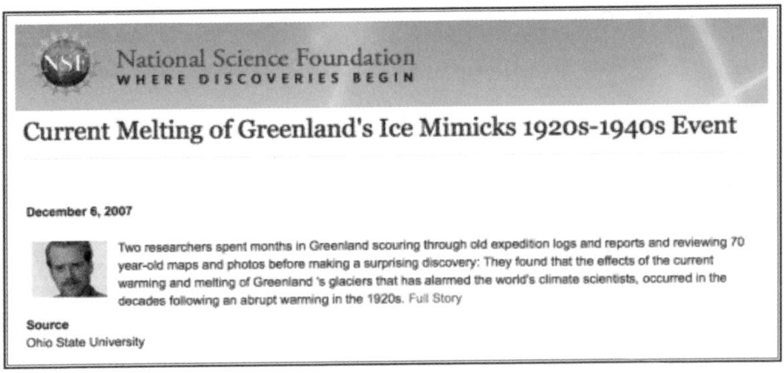
National Science Foundation
WHERE DISCOVERIES BEGIN

Current Melting of Greenland's Ice Mimicks 1920s-1940s Event

December 6, 2007

Two researchers spent months in Greenland scouring through old expedition logs and reports and reviewing 70 year-old maps and photos before making a surprising discovery: They found that the effects of the current warming and melting of Greenland 's glaciers that has alarmed the world's climate scientists, occurred in the decades following an abrupt warming in the 1920s. Full Story

Source
Ohio State University

그림 2-5: 앨 고어 해수면 상승에 대한 NSF의 반박 자료

6 지구온난화에 속지마라, 프레드 싱어, 데니스 에이버리 저, 김민정 역, 2009년

7 Greenland Ice Sheet Surface Air Temperature Variability: 1840-2007, Box et al, Journal of Climate, 2009, https://doi.org/10.1175/2009JCLI2816.1

그래도 기후 선동가들은 남극대륙과 그린란드 빙하가 녹아 인도양 몰디브와 태평양 투발루와 같은 섬나라가 사라지고 수많은 해안 도시가 수몰될 것이라며 구체적인 일정까지 제시하고 있다.

해수면 상승과 산호초

지난 2020년 국제 환경단체 그린피스는 자신들의 컴퓨터 시뮬레이션 결과에 따르면 해수면 상승으로 2030년에 우리 국토의 5% 이상이 물에 잠기고, 332만 명이 침수 피해를 입을 수 있다고 발표했다. 우리 언론은 이를 인용하며 바닷물로 침수된 부산 해운대와 인천 공항을 화면으로 보여줬다(그림 2-6). 그리고 그린피스는 "정부와 국회는 지금 당장 기후 위기 비상 선언 발표와 함께 예상되는 피해를 대비하기 위한 장기 국가 계획을 세우고 2050 탄소 중립 목표를 세워야 한다."라

그림 2-6: 부산과 인천공항 침수 보도

고 주장했다. 구체적인 일정과 피해 수치까지 내놓자 부산시는 이 선동에 속아 현재 해상도시 건설을 추진하고 있다.

하지만 우리 국토 침수 협박은 걱정할 필요가 없다. 이 협박에 속아 해상 도시 건설을 추진하는 부산시는 조만간 세계적인 조롱거리가 될 것이다. 우선 대기 이산화탄소 증가는 지금까지 전 세계 어떤 바다의 해수면에도 아무런 영향을 미치지 못했다. 이는 그림 2-7에서 보듯이 지난 30년 동안 부산항 해수면 변화를 통해서도 알 수 있다. 이 기간에 약 10% 정도(약 40ppm)의 대기 이산화탄소 농도 증가가 있었지만 해수면에는 아무런 변화가 없었다.

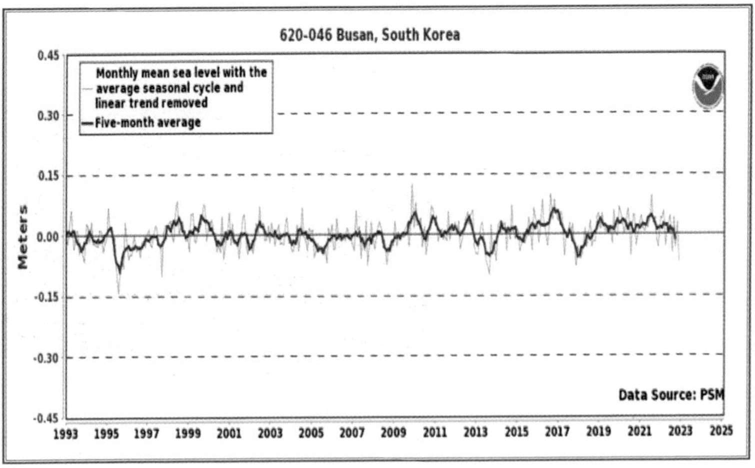

그림 2-7: 지난 30년 동안 부산항 해수면 변화

지금 해수면 상승 코미디극을 벌이는 곳은 우리 부산시뿐만 아니다. 태평양 한가운데 8개의 섬으로 된 인구 1만 2천 명의 투발루(Tuvalu)라는 국가는 해수면 상승 국가로 교과서에 등장할 만큼 널리 알려져 있다. 부산시는 그린피스에 속아서 바보 촌극을 벌이고 있지만 투발루는 이를 국가 발전 전략으로 삼는 영리한 촌극을 벌이며 세계를 향해 열심히 거짓말을 하고 있다.

투발루는 지난 30년간 국토가 수몰된다는 가짜 뉴스를 국제 사회에 퍼트려 기후 관광객을 유치하고 있다. 그 결과 연평균 10% 경제성장률을 보이고 있다. 인구도 지난 1960년대 약 6천 명이었다가 지금은 두 배로 늘었다. 하지만 투발루의 국토면적은 위성사진으로 분석해본 결과 지난 40년 동안 2.9% 증가했다는 사실이 2018년 학술지 논문으로 밝혀졌다.[8] 기후 선동 관광에 재미를 본 투발루 정부는 지난 2021년 글래스고우 COP26 기후회의 직전에는 시몬 코페(Simon Kofe)라는 외무부 장관이 직접 바다에 빠져 연설하는 장면을 연출하여 전 세계 언론에 보냈다(그림 2-8). 투발루는 지금 가짜 재앙을 전 세계에 알리는 일에 국가의 미래를 걸고 있다.

현재 지구의 평균 해수면 상승은 100년에 약 7cm 정도로 알려져 있다. 이는 더워지는 바다의 물 부피가 늘어나기 때문이다. 남극대륙에 쌓이는 연간 약 820억 톤의 빙하는 녹아

8 Patterns of island change and persistence offer alternate adaptation pathways for atoll nations, Kench et al, 2018, Nature Communications, https://www.nature.com/articles/s41467-018-02954-1

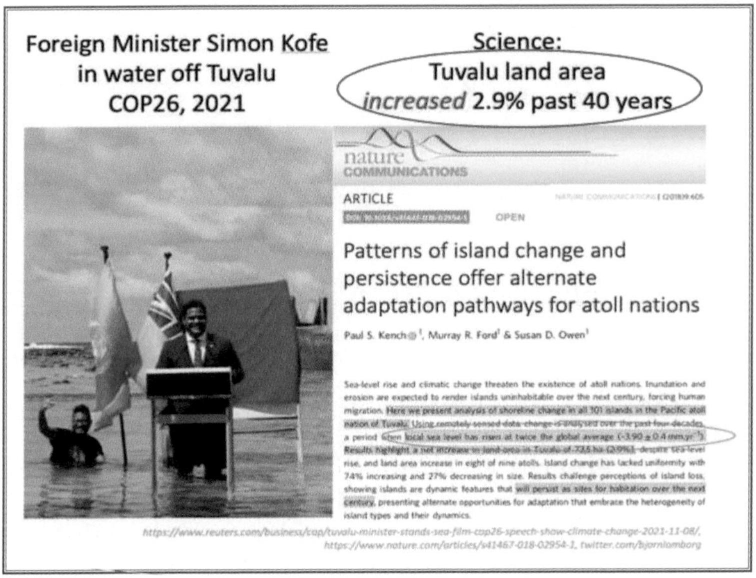

그림 2-8: 투발루 외무장관의 기후 선동과 국토 면적 증가 논문

내린다는 다른 모든 빙하와 만년설을 상쇄하고도 남는다. 지금과 같은 상승이 계속된다고 하더라도, 금세기 말에 해안 도시가 침수되고, 많은 섬나라가 바다 밑으로 가라앉고, 수백만의 기후 난민이 발생한다는 공포는 명백한 거짓말이다. 스칸디나비아반도의 스톡홀름과 오슬로 해안이나 미국 알래스카주 주노 해안은 오히려 해수면이 하강하고 있다(그림 2-9). 이는 땅의 융기로 인한 것이다.

현재 지구 곳곳의 해안에서 관측되는 해수면 상승과 하강의 원인은 바닷물의 열팽창과 땅의 움직임에 의한 것이지 빙하가 녹기 때문이 아니다.

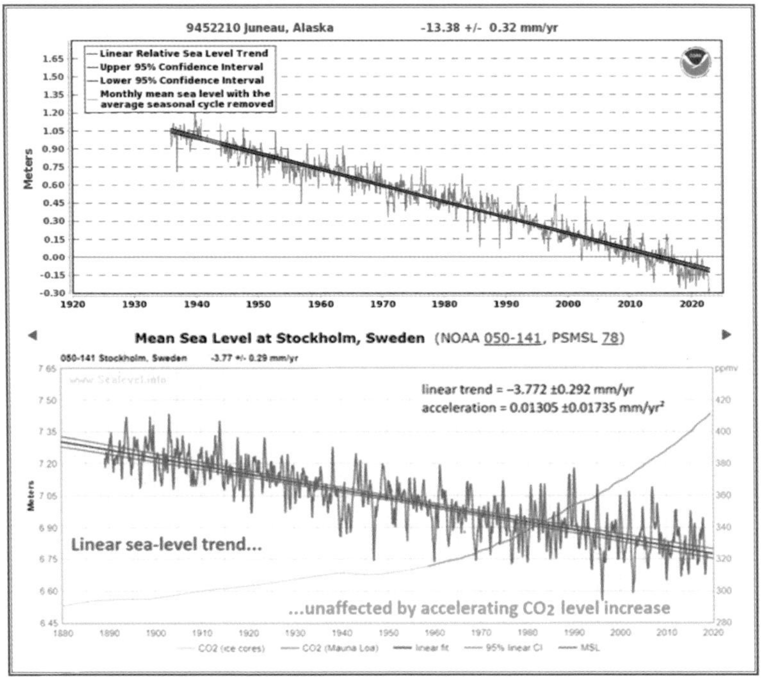

그림 2-9: 미국 알래스카 주노(상)와 스웨덴 스톡홀름(하)의 해수면

추운 북극 지방의 북극곰에 이어 더운 남태평양의 산호초도 가짜 재앙의 대상이 됐다. 둘 다 일반인은 확인 불가다. 언론들은 2011년부터 지구온난화로 산호초 대재앙이 임박했다고 보도하기 시작했다. 실제로 산호초 백화 현상이 나타나고 있었고 언론 보도도 설득력이 있는 듯했다. 하지만 2022년 호주 해양과학연구소(AIMS: Australian Institute of Marine Science)는 인근 최대 군락지인 그레이트 베리어 리프의 산호초는 1986년 이후 가장 왕성하게 번성하고 있다고 발표했다(그림 2-10). 그동안 기후 선동에 앞장섰던 미국 CNN 방송도

2022년 8월에 이 소식을 전했다. 하지만 지금까지 우리나라 어느 언론도 이 소식을 보도하지 않고 있다.

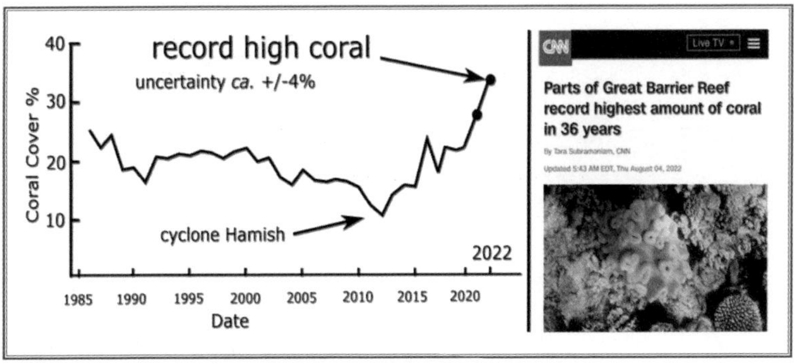

그림 2-10: 호주 해양연구소 산호초 발표 자료와 CNN 보도

기상 이변과 산불

가뭄과 홍수, 태풍, 폭우, 폭염 등과 같은 기상 이변은 실감 나는 기후 공포를 조장하기 좋은 소재다. 우리가 실제로 접할 수 있기 때문에 북극곰, 산호초, 빙하, 해수면 등과 같은 보지 못하는 소재보다 훨씬 자극적이다. 그뿐만 아니라 우리 한반도는 가뭄과 홍수, 태풍이 매년 반복되기 때문에 기후 공포 소재로 더할 나위 없이 좋다.

가뭄, 홍수, 태풍이 기후 위기라면 우리는 조상 대대로 심각한 기후 위기와 함께 살아왔다. 한반도는 장마 때 물이 넘쳐 난리를 겪고 갈수기에는 한 방울이 아쉬운 곳이다. 이유는 지리·지형적 특성 때문이다. 건조한 대륙성 기류와 습한 해양성 기류가 교차하는 한반도에 극심한 가뭄과 홍수가 반복되는 것은 피할 수 없다. 그뿐만 아니라 유역 경사가 심하고 지층 대부분이 암반으로 이루어져 있으며 자연호가 전무하기 때문에 강우량 대부분이 지상이나 지하에 고여있지 못하고 바다로 유실되어 버린다. 그래서 작은 가뭄에도 피해는 심각했다.

그림 2-11은 한양에서 측우기로 관측된 연간 강수량이다. 그림에서 보듯이 최소 500mm에서 최대 2,500mm까지 반복하고 있다. 특히 1876년부터 1905년까지 30년 대가뭄이 있었다. 이 시기 연 강수량 1,000mm가 넘는 해가 거의 없었다. 백성들이 기근의 도탄에 빠져 조선왕조 멸망으로 이어졌음이 역사 기록으로 남아있다. 또 1925년에 있었던 을축

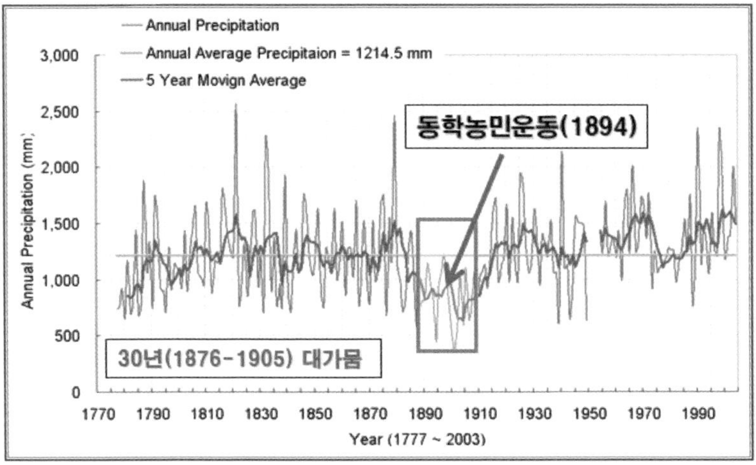

그림 2-11: 한양에서 관측된 강수량과 30년 대가뭄

그림 2-12: 을축년 대홍수 피해와 기념비

년 대홍수는 피해액이 당시 조선총독부 1년 예산의 58%, 사망자는 647명이나 됐다. 또 수만 채의 가옥이 유실, 붕괴, 침수됐고, 농경지 피해도 상상을 초월할 정도였다. 그때의 홍수 피해가 너무나 커서 지금도 서울 송파구 근린공원에는 을축년 홍수 기념비를 세워두고 있다(그림 2-12).

그때는 왜 이처럼 심각한 기후 재앙이 있었나? 30년 대가뭄과 을축년 대홍수가 있었던 시기에 지구 대기의 이산화탄소는 280~300ppm 수준이었다.

지난 2020년 8월에는 지구온난화가 계속되면 해수면 상승뿐만 아니라 2030년에는 태풍으로 여의도 국회가 침수될 수 있다는 언론 보도가 있었다(그림 2-13). 하지만 이것도 전혀 근거 없는 거짓말이다. 지구가 더워지면서 극지방과 적도의 기온 차가 줄어들어 태풍 발생 횟수가 계속 감소하고 있음이 기록으로 밝혀져 있다. 그림 2-14는 우리나라, 일본, 대만, 필리핀 등을 포함하는 서태평양 지역에 지난 1951년부터 2020년까지 관측된 태풍의 수를 나타내고 있다. 이 기간 이산화탄소는 100ppm이나 증가했지만 태풍은 감소하고 있다. 한반도를 강타한 태풍을 보면 1959년 사라(849명 사망), 1987년 셀마(345명 사망), 2002년 루사(246명 사망) 등 과거로 갈수록 더 피해가 컸다. 이는 이산화탄소가 우리의 태풍에 어떤 영향도 주지 않고 있음을 증명하고 있다.

그림 2-13: 태풍 상륙 시 침수 예상 지역

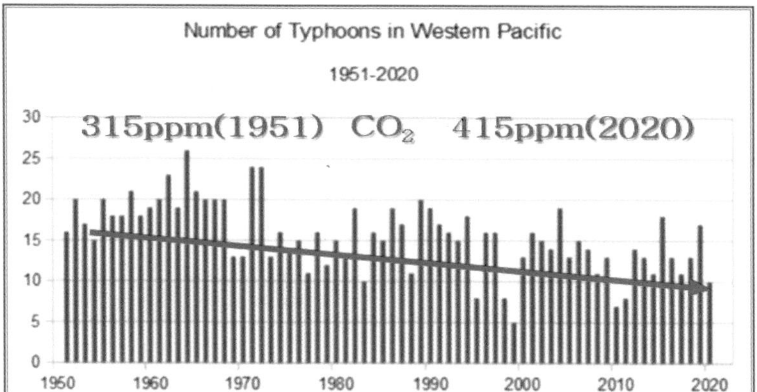

그림 2-14: 서태평양 지역에 도달하는 태풍의 수 변화

그 외에도 미국의 회오리바람(토네이도)이나 호주의 열대성 사이클론도 줄어들고 있다(그림 2-15와 2-16). 그리고 그림 2-17에 제시한 열대성 폭우와 허리케인 발생 빈도도 거의 변화가

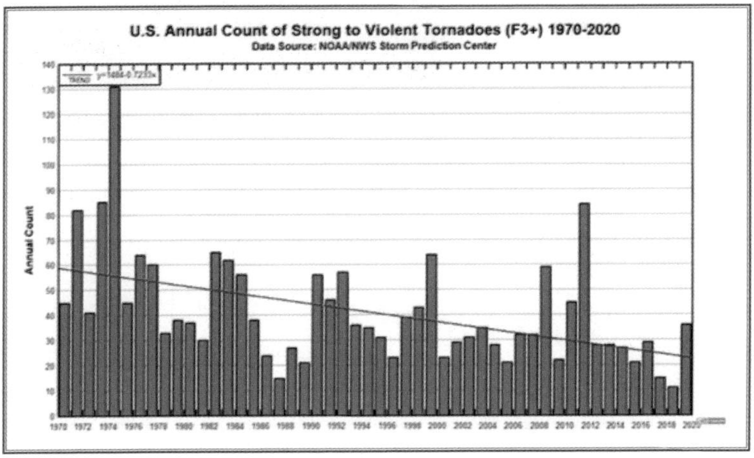

그림 2-15: 미국의 연간 강도 높은 토네이도 발생 수

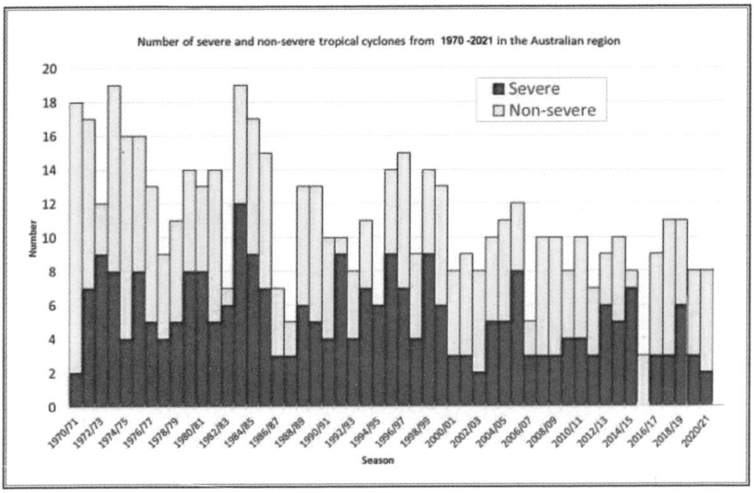

그림 2-16: 호주 지역의 열대성 사이클론 발생 수

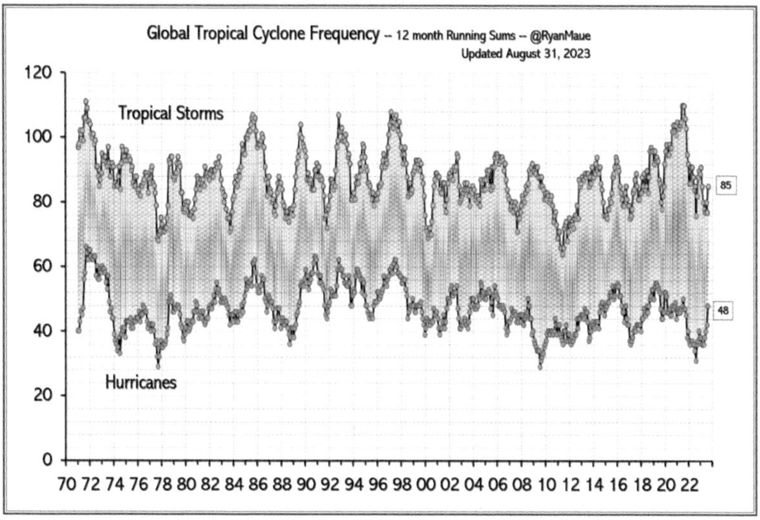

그림 2-17: 열대성 폭우와 허리케인 발생 빈도

없거나 약간 줄어드는 경향을 보인다. 하지만 언론은 태풍, 토네이도, 사이클론, 열대성 폭우, 허리케인과 같은 기상 이변만 발생하면 기후 위기라고 선동하고 있다.

태풍, 허리케인, 토네이도, 사이클론이 줄어드는 이유는 북극 증폭(Arctic Amplification) 현상 때문이다. 이는 지구가 더워지면서 북극의 기온 상승 폭이 좀 더 크게 나타나는 현상을 말하는 것으로 그림 2-18이 이를 보여주고 있다. 그림을 보면 1970년 이후 지난 50년 동안 북극(붉은색)이 지구 평균(검은색)보다 훨씬 상승 폭이 크다. 태풍이나 허리케인 등은 적도 부근과 극지방 쪽의 기온 차가 크면 클수록 자주 발생하고 강해진다. 하지만 북극 증폭 현상으로 차이가 줄어들기 때문에 악기상의 빈도와 강도가 약해지고 있음이 관측되고 있다.

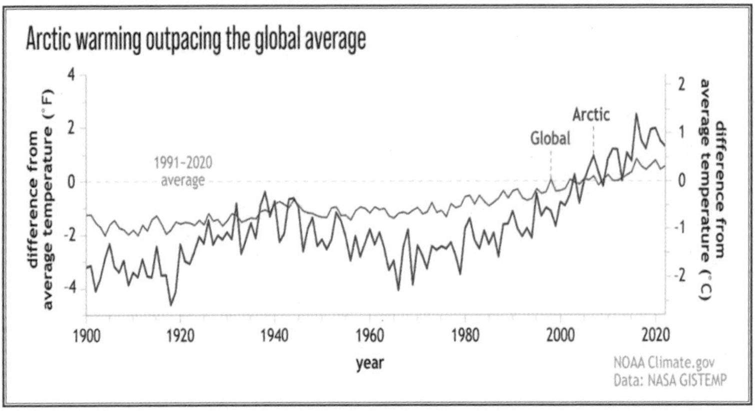

그림 2-18: 120년 동안 나타난 지구 평균과 북극의 기온 변화

폭염과 산불은 불타는 지구를 연상시키기 때문에 언론은 온난화가 원인이라고 단정하고 열정적으로 보도하고 있다. 하지만 관측된 사실과 과학적 이론은 전혀 다르다.

실제로는 20세기 전반기에서 후반기로 오면서 폭염의 빈도와 강도는 떨어지고 있다. 이유는 지구 표면의 약 71%가 물로 덮여있고 증발과 강우 현상이 일어나기 때문이다. 지구가 더워지면 바다에서 더 많은 물이 증발하여 육지의 강우량이 늘어나게 되어 폭염은 줄어드는 것이 과학적 원리다. 그림 2-19는 미국의 폭염 지수로 1930년대가 가장 더웠음을 보여주고 있다. 서울의 폭염 지수도 이와 유사하다.[9] 당시 지구 대기의 이산화탄소 농도는 300ppm 수준이었다. 대기 이

9 기후 종말론: 인류사 최대 사기극을 폭로한다. 박석순·데이비드 크레이그 지음, 어문학사 2023

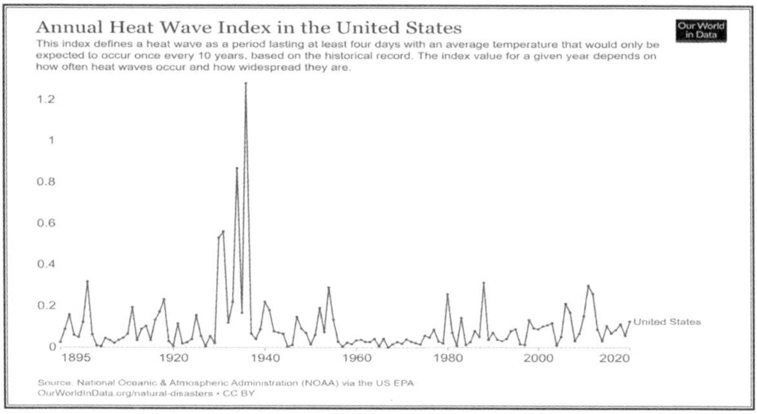

그림 2-19: 1930년대가 가장 더웠음을 보여주는 미국의 폭염 지수

산화탄소가 400ppm을 넘은 21세기보다 지난 1930년대가 더 더웠다는 사실은 인간에 의한 이산화탄소가 재앙적 지구 온난화를 일으켰다는 기후 선동가들의 주장을 뒤집는 명백한 증거다.

또 산불 발생은 관측과 진화 기술이 발달하고 신속한 초기 대응이 가능해져 크게 줄어들었다(그림 2-20). 산불 발생 횟수

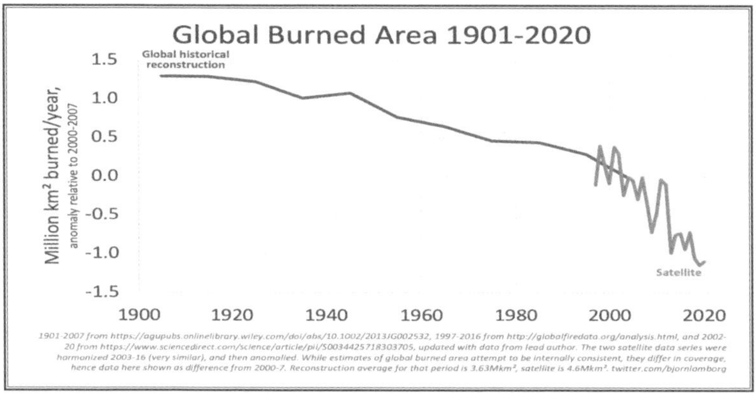

그림 2-20: 지난 120년 동안 지구의 불탄 면적 변화

와 불탄 면적이 크게 줄어드는 공식 기록이 있지만, 언론은 산불만 나면 기후 위기라고 선동하고 있다. 최근 우리나라를 비롯하여 미국, 캐나다 등에서 대형 산불이 발생하는 이유는 자연보호라는 명분으로 낙엽과 노후목, 고사목을 그대로 방치하기 때문이다.

농업 황폐화와 기후재해 사망자

기후 선동가들은 지구온난화로 농업이 황폐화하고 대대적인 기아로 이어질 것이라고 한다. 하지만 실제 농업 생산량을 보면 전혀 다르다. 모든 주요 작물의 단위 면적당 수확량은 계속 증가했다(그림 2-21). 농업 기술의 발달과 함께 증가하는 대기 이산화탄소 농도가 크게 기여하고 있다(5장 146쪽 참고).

그림 2-21: 전 세계 주요 곡물의 단위 면적당 수확량 변화율

미국 미시간주립대학교 농업실험소(Michigan State University Agricultural Experimental Station) 소장 실반 위트워(Sylvan Wittwer) 박사는 농업 생산량 증가를 다음과 같은 말로 정리했다.

> "지금 우리는 이산화탄소가 점점 증가하는 세상에 사는 것을 행운으로 생각해야 한다. 대기 이산화탄소가 증가하는 것은 전 세계 모든 곳에 골고루 공짜로 주어지는 혜택이며, 시간이 지나면서 점점 양이 많아지게 되어 미래 세대에는 더욱 좋다."

미국 해외재난지원청(OFDA)에 따르면 1920년부터 지금까지 100년 동안 이산화탄소는 40%(303ppm에서 420ppm으로) 증가했지만 전 세계 기후 재난 사망자는 98% 줄었다(그림 2-22).

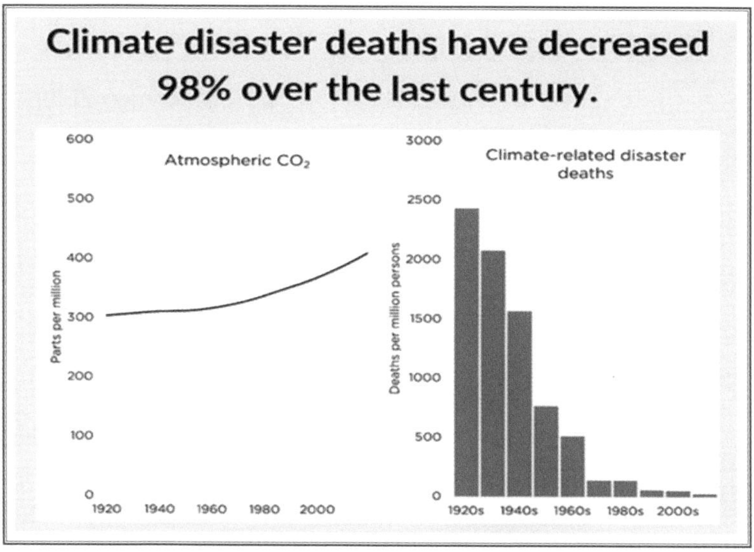

그림 2-22: 1920년 이후 기후재해로 인한 사망률 변화

이유는 과학기술의 발달로 예측 기능이 향상됐고 국가가 부유해지면서 국토를 선진화했기 때문이다. 강을 정비하고 댐과 저수지를 건설하여 가뭄과 홍수를 막았기 때문에 수많은 생명을 구한 것이다.

생물 대멸종과 거주 불능 지구

약 46억 년의 지구 역사에서 5억 7만 년 전부터 시작된 고생대 캄브리아기에 생물 종이 폭발적으로 늘어났다. 이후 지금까지 소행성 충돌, 대규모 화산폭발, 급격한 기후변화 등으로 인해 다섯 차례의 대멸종이 있었다. 1차 대멸종은 4억 4,500만 년 전 고생대 오르도비스기 말, 2차는 3억 6~7천만 년 전 고생대 데본기 말, 3차는 2억 5,100만 년 전 고생대 페름기 말, 4차는 2억 100만 년 전 중생대 트라이아스기 말, 5차는 6,500만 년 전 중생대 백악기 말에 있었던 것으로 추정하고 있다.

기후 선동가들은 지구 기온 상승을 산업화 이전 대비 1.5℃ 이내로 유지하지 못하면 제6차 대멸종이 올 것이라고 주장한다. 지금과 같이 생활방식과 에너지 사용이 계속되면 2100년에는 6℃까지 상승하여 생물 종이 최대 70%가 사라질 것이라는 예측을 하면서 우리를 겁주고 있다(그림 2-23). 대멸종이 일어나는 이유로 짧은 시기에 기온이 급격히 변하기 때문에 많은 생물종이 적응을 할 수 없다는 사실을 들고 있다.

그림 2-23: 기후변화로 생물종 70%가 멸종한다는 홍보물

하지만 이것 역시 터무니없는 공포 장사에 불과하다. 이러한 변화도 일어나지 않겠지만 과거 지구의 기후는 이보다 훨씬 더 급격한 변화가 일어난 시기가 있었다. 대표적인 예로 지금부터 12,900년 전에서 11,700년 전까지 있었던 북반구 영거 드라이아스(Younger Dryas) 시기에는 1850년부터 2100년까지 250년 동안 6℃ 증가보다 훨씬 더 급격한 기온 변화가 있었다(그림 2-24). 또 소빙하기 마지막 1694년부터 1729년까지 35년 동안 2℃ 증가한 시기도 있었다(4장 109쪽 그림 4-12). 이 두 시기 모두 지구의 생명체는 대멸종 없이 잘 번성하고 있었다.

인간에 의한 생물 멸종은 500년 전 유럽인들이 아프리카, 아시아, 그리고 뉴질랜드, 모리셔스, 하와이 같은 멀리 떨어져 고립된 많은 섬들을 식민지로 삼으면서부터 시작됐다. 대부분의 경우 그들과 함께 유입된 쥐, 고양이, 여우, 뱀과 같은 외래종 포식자들 때문에 멸종됐다. 또 개발로 인한 서식처 파괴, 식용으로 사용하기 위한 사냥 등도 주요 멸종 원인

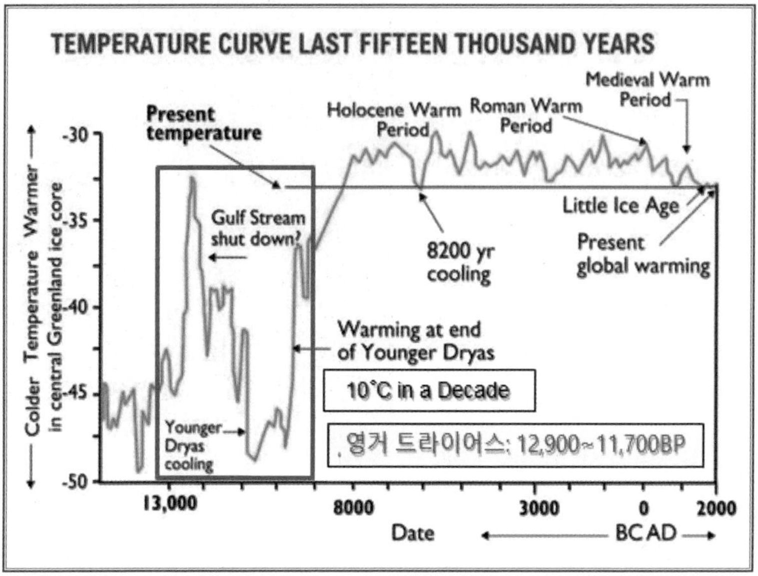

그림 2-24: 영거 드라이어스 시기의 급속한 지구 기온 변화

중 하나였다. 하지만 지난 50년 동안 대부분의 선진산업국에서 멸종생물방지법이 만들어지고 야생동식물 보호구역이 확대되면서 멸종되는 생물종은 크게 줄어들었다. 그림 2-25는 1870년부터 2009년까지 매 10년 동안 멸종된 종의 수를 나타낸 것으로 뚜렷한 감소 경향을 보이고 있다. 특히 1970년부터

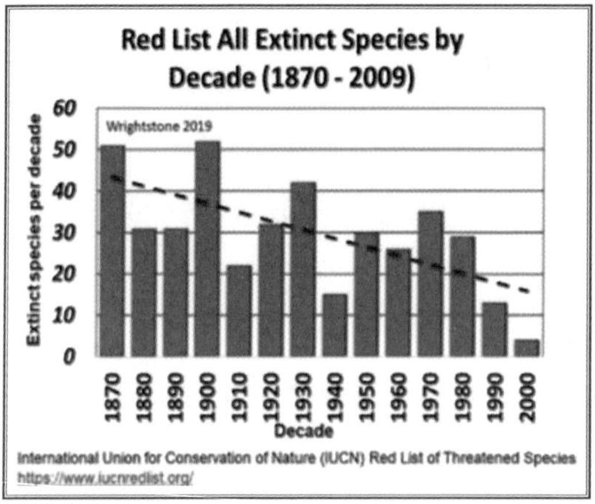

그림 2-25: 보호 활동으로 줄어드는 멸종 생물

지금까지 급속히 떨어지고 있다. 이는 인간의 부유한 삶이 다른 생물종을 돌볼 수 있도록 만들었기 때문이다.

하지만 기후 선동가들은 지구는 생물 대멸종에 직면했고 조만간 인류는 전 세계적인 기근과 아사를 겪게 될 것이며, 2050년에는 거주 불능의 불덩어리가 되어 살아남은 사람들은 남극대륙으로 피난 가게 된다는 위협도 하고 있다. 인간은 부유한 삶에 대한 욕망으로 지구에 죄를 범해 생물 대멸종을 가져오고 자신도 파멸하게 된다는 기후 종말론은 사이비 종교에 불과하다.

누가 어떤 목적으로 이런 가짜 기후 재앙으로 사이비 종교를 만들었고, 우리는 왜 기후 공포로 고통받고 세금을 도둑맞으며 살아야 하고, 어떻게 기후 종말론이 만들어졌는지 다음 3장과 4장에 나오는 인류 환경사를 통해 알아보자.

We may get to the point where
the only way of saving the world will be
for industrial civilization to collapse.
Either we reduce the world's population
voluntarily or nature will do this for us,
but brutally. We have only 10 years left
to save the world from catastrophe.
I am convinced the prophets of doom
have to be taken seriously.

Maurice Strong

제3장

산업 문명과 환경 종말론

우리가 세계를 구하는 유일한 방법이
산업 문명을 붕괴시켜야 할 지경에 이를
수도 있다. 우리 스스로 세계 인구를
줄이거나 아니면 자연이 우리 대신
무자비하게 그렇게 해줄 것이다.
우리가 세계를 대재앙으로부터 구할 수
있는 시간이 10년밖에 남지 않았다.
나는 종말론적 예언을 진지하게
받아들여야 한다고 확신한다.

모리스 스트롱(Maurice Strong)
유엔환경계획 창립(1972년) 사무총장

제3장
산업 문명과 환경 종말론

환경문제의 심각성은 산업화 이후 공장이 세워지고 사람들은 도시로 모여들면서 시작됐다. 석탄을 사용하면서 하늘은 매연으로 뒤덮였으며 강물은 오염돼 악취를 풍겼다. 산업화가 진행되는 곳에서는 어김없이 환경이 나빠졌다. 폐수, 매연, 쓰레기 등이 넘쳐나고 숲과 초원은 사라져갔다. 물질적 풍요를 얻는 만큼 환경은 오염되고 파괴됐다. 하지만 사람들은 산업화가 주는 일자리와 물질적 풍요에 박수갈채를 보냈고 오염으로 인한 피해는 잘 참아냈다.

경제성장과 환경주의

경제가 성장하면서 도시인들 사이에서는 새로운 욕구가 분출되기 시작했다. 물질적 풍요보다 건강하고 쾌적한 환경에서 생활하길 원했다. 또 과거에는 참아냈던 환경오염도 더 이상 견딜 수가 없었다. 맑은 공기와 깨끗한 물, 푸른 숲을 찾아서 도심을 떠나 교외로 이주하게 됐다. 자신들의 생명과도 같은 환경이 무엇보다 소중하다는 환경주의(Environmentalism)가 조금씩 자리 잡기 시작했다.

초기 환경주의는 대중들이 직접 느낄 수 있는 것에 머물러 있었다. 매연으로 가득 찬 하늘, 악취가 풍기는 강, 벌채로 파괴된 숲을 혐오하고, 원시적 산과 바다, 강과 호수에서 느낄 수 있는 자연의 아름다움과 경이로움에 매료됐다. 이처럼 초기 환경주의는 시각과 후각에 의존한 거시적이고 감각적인 것을 대상으로 했다. 이렇게 시작된 환경주의는 과학의 발전을 통해 더 큰 힘을 얻게 됐다.

과학의 발전은 대중들이 환경문제에 대해 생각하는 방식 자체를 바꾸어놓았다. 환경주의의 대상이 거시적이고 감각적인 환경에서 극도로 작고 눈에 보이지 않는 환경으로 옮겨진 것이다. 환경과학의 발달로 물, 공기, 음식 등에 들어있는 이물질의 양을 백만 분의 일 또는 십억 분의 일 수준으로도 검출할 수 있게 됐고, 극소량이라도 자연 생태계와 인체에 치명적인 위해를 가할 수 있다는 사실을 알게 됐다.

여기에 지식인들의 저술 활동과 언론 매체의 발달은 환경오염의 공포를 더욱 증폭시키고 대중들에게 알리는 계기가 됐다. 20세기 환경주의의 대표적인 아이콘으로 남아 있는 레이첼 칼슨(Rachel Carson)의 『침묵의 봄(Silent Spring)』(1962)은 이러한 배경에서 나온 작품이다(그림 3-1). 눈에 보이지 않는 극소량의 농약이 지구 생태계와 인류의 종말을 가져올 수 있다는 사실이 당시 사람들에게는 새로운 충격이었다.

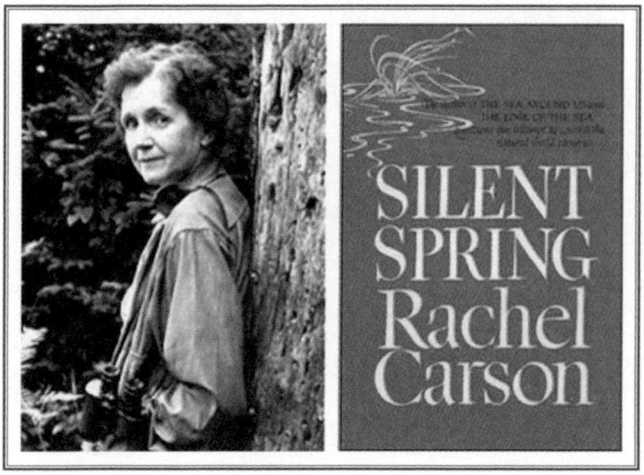

그림 3-1: 레이첼 칼슨과 저서 침묵의 봄

대중들은 자신들의 생명과도 같은 환경의 소중함을 인식하게 되었고 환경주의는 강력한 정치적인 힘을 갖게 됐다.

환경 낙관론과 비관론

1960년대에 환경주의가 정착되면서 환경문제를 보는 시각은 양극화되고 있었다. 과학과 기술의 발달과 법과 제도를 통해 해결할 수 있다는 환경 낙관론(Eco-Optimism)과 산업 문명을 거부하지 않으면 인류는 음울한 미래를 맞이하게 될 것이라는 환경 비관론(Eco-Pessimism)으로 나누어졌다. 과학기술자들이 중심이 된 낙관론자들은 환경문제를 해결할 수 있다는 강한 믿음으로 연구에 몰두했다. 반면에 비관론자들은 급속한 산업화와 도시화를 불러온 자유민주주의 시장경제에

대한 강한 반감으로 반문명적 환경운동을 전개했다.[1]

시대적 상황은 환경 비관론이 대중의 지지를 얻고 있었다. 당시 산업도시의 환경문제는 시민의 건강과 생명을 위협했지만 마땅한 대책이 없었다. 특히 자동차는 매연 제거 장치가 개발되지 않아 지금보다 100배나 더 많은 오염물질을 배출하고 있었다. 대기오염으로 고통받는 시민들의 시위도 산업도시를 중심으로 일어나고 있었다.

1970년 지구의 날 창립은 이러한 시위가 전국적 규모로 결집한 것이다. 계기는 1969년 1월 29일에 일어난 미국 캘리포니아주 산타바바라 해안의 기름 유출과 6월 22일의 오하이오주 쿠야호가강 화재였다.[2] 두 사건을 연이어 겪으면서 비관론적 환경 민심은 극에 달했다. 제1회 지구의 날에 뉴욕 맨해튼에 모였던 백만 인파가 당시의 상황을 짐작할 수 있게 해준다(그림 3-2). 또 이 날(1970년 4월 22일)은 마르크스 이념으로 러시아를 공산화한 블라디미르 레닌의 탄생(1870년 4월 22일) 100주년과 정확하게 일치한다는 점도 반자본주의적 이

The New York Times
NEW YORK, THURSDAY, APRIL 23, 1970
Millions Join Earth Day Observances Across the Nation

그림 3-2: 제1회 지구의 날 행사를 보도한 1970년 4월 23일 뉴욕 타임스

1 환경과 빈부의 두 세계, 잭 홀랜드 저, 박석순 역, 어문학사, 2017년

2 환경 재난과 인류의 생존 전략, 박석순 저, 어문학사, 2020년

념과 산업 문명에 대한 거부감이 환경문제로 표출되고 있었음을 알 수 있다.

환경 비관론자들은 그 시기 지구에서 관측되고 있었던 냉각화 현상도 산업 문명에 의한 것으로 판단했다. 미국 캘리포니아대 데이비스 캠퍼스 생태학 교수 케네스 와트(Kenneth Watt)는 제1회 지구의 날 기념행사 연설에서 "지금의 추세가 계속된다면, 2000년경에는 세계는 화씨 11도(섭씨 6.9도)나 더 추워질 것이다. 이것은 지금보다 두 배가량 더 추워져서 인류는 새로운 빙하기를 맞이하는 것이나 다름없다."라며 지구가 산업 문명으로 인해 중병에 걸렸음을 절규했다. 또 다른 흥미로운 지구의 날 역사는 그림 3-3에서 볼 수 있다. 이 사진은 워싱턴주 시에틀 근교에서 당시 대기오염의 주범이었던 자동차를 부수는 장면을 찍은 것이다. 부순 자들은 모두 자동차로 귀가했다는 일화는 문명의 혜택을 누리면서도 저주하는 환경 비관론자들의 이중성과 위선을 잘 보여주는 사례로 남아있다.

그림 3-3: 제1회 지구의 날에 자동차를 부수는 장면

사회 생태주의와 생태 근본주의

물질적 풍요보다 건강하고 쾌적한 환경이 소중하다는 환경주의가 정착되면서 정치 이념에도 큰 변화가 일어나고 있었다. 지식인들은 사회주의 계획경제가 적어도 환경을 위해서는 좋은 제도임을 인정하기 시작했다. 부에 대한 욕망으로 가득 찬 시장경제는 급속한 산업화를 불러왔고, 거주 이전의 자유를 보장하는 자유민주주의는 폭발적인 도시팽창을 가져왔다. 물질적 풍요는 자원의 과소비와 넘쳐나는 쓰레기를 만들어내고, 산업 문명은 폐수와 스모그로 인간의 건강과 생명을 앗아가는 악마로 받아들여지게 됐다.

일반 대중들에게도 통제되고 계획된 사회주의 경제체제가 그나마 환경을 지키기에는 좋은 것처럼 보였다. 필요한 만큼 생산하고 거주 이전의 자유를 허용하지 않는 사회주의 계획경제가 급속한 산업화와 도시화를 막을 수 있다고 여겨졌다.

이러한 시대적 배경에서 만들어진 환경이념이 사회 생태주의(Social Ecology)다. 마르크스·레닌주의에 심취해 있던 미국 라마포대(Ramapo College) 교수 머레이 북친(Murray Bookchin)은 1962년 첫 번째 저서 『Our Synthetic Environment(우리의 인공 환경)』를 시작으로 자유민주주의 시장경제를 향한 포문을 열었다(그림 3-4). 이 책은 같은 해 출간된 『침묵의 봄』의 동반자 역할을

그림 3-4: 머래이 북친과 저서 우리의 인공 환경

하면서 당시 산업 문명에 대한 비판서 역할을 했다. 그는 사회주의 계획경제의 환경 우위를 주장하고 자유민주주의 시장경제를 중단해야 인간은 궁극적으로 자연과 조화를 이룰 수 있다고 했다.

마르크스·레닌주의는 자연자원을 사용해 부를 창조하는 행위는 결과가 무엇이든 악성 자본주의[3]로 여겼다. 마르크스 환경관은 "자연으로 돌아가라"를 외친 루소의 자연철학을 그대로 이어받았고, 핵심 이념은 "자연은 선, 문명은 악"이었다. 레닌은 볼셰비키 혁명 이후 신속하게 토지법과 산림법을 선포해 토지, 산림, 수자원, 광산, 동식물 자원 등을 국유화해 개인이 마음대로 이용하거나 개발하지 못하게 했다.[4] 자칭 "혁명적 좌파"였던 북친은 "환경위기의 직접적인 원인은 자본주의이며, 자본주의야말로 생물계의 암적인 존재"라고 주장했다. 또 자본주의가 내부적 계급 모순으로 인해 종

3 자본주의(Capitalism)는 마르크스가 시장경제를 비판하기 위해 1850년에 만든 용어다.

4 공산주의 유령은 어떻게 우리 세계를 지배하는가?(하), 구평편집부 저, 에포크미디어코리아, 2020년

국에는 사라질 것이라는 마르크스 공산주의 이론에 동조하면서, 환경위기가 자본주의 종말을 예고하는 새로운 자멸 요소라고 했다. 그는 "무계급 관계, 분산된 민주적 공동체, 태양열이나 유기농법과 같은 자연생태 기술 등에 근거한 원시적 촌락 사회"로 전환되어야 한다고 했다. 또 그는 급진적 평등주의를 내세우는 사회 생태주의로 가는 환경운동이야말로 자본주의를 공격할 수 있는 최고의 무기라고 생각했다. 그는 2006년 사망할 때까지 미국 환경운동의 정신적 지주 역할을 했다.

산업 문명이 가져온 환경문제는 생태 근본주의(Deep Ecology)라는 극단적인 이념도 만들어냈다. 1970년대 초 노르웨이 오슬로대 철학 교수 아르네 네스(Arne Næss)가 처음 주창한 생태 근본주의는 크게 다음 네 가지로 요약될 수 있다.[5] 첫째, 인간을 포함한 모든 생물은 본질적인 가치를 가지며, 자연은 인간을 위한 자원이 아니다. 둘째, 모든 생명체는 동등한 권리를 가지며, 자연계에 있는 생명체는 고등한 것과 하등한 것으로 구분하지 말아야 한다. 셋째, 자연계는 모든 것이 역동적인 연결망으로 이루어져 있고 그 망 속에서 절대적으로 홀로 존재하는 실체는 없으며 생물과 무생물, 인간과 인간 외적인 존재를 구분하는 경계도 없다. 넷째, 지구의 수용 능력은 한계가 있고, 인간의 삶과 문화가 번영하고 인간 이외

5 부국 환경론: 부국환경이 우리의 미래다, 박석순 저, 어문학사, 2018년

의 생물종이 번성하기 위해서는 인구가 감소해야 한다.

생태 근본주의는 그림 3-5에서 설명하고 있듯이 인간이 만물의 영장이라는 것은 스스로 자존감(Ego)을 내세우는 것이지 인간 역시 한 구성원에 불과한 것이 진짜 생태계(Eco)라는 이념이다. 아른 네스는 2009년 96세의 나이로 사망했지만 생태 근본주의는 우리 사회에 깊이 뿌리내리고 있다. 경부고속철도 건설 반대를 위한 천성산 도롱뇽 살리기나 설악산 케이블카 설치 반대를 위한 산양 살리기 등에서 내세우는 논리가 바로 생태 근본주의다.

사회 생태주의와 생태 근본주의는 지금까지 자유민주주의 시장경제를 거부하는 환경 이념으로 남아 있다. 누구도 자연자원으로부터 이익을 취할 수 없으며 이를 막지 않으면 지구 생태계는 인간에 의해 종말을 맞이하게 될 것이라는 이념이다.

그림 3-5: 아른 네스와 생태 근본주의 이념

미국의 작가 브라이언 서스만(Brian Sussman)은 저서 『Eco-Tyranny(생태 폭정)』(2012)에서 마르크스·레닌주의의 환경 사상은 오늘날 녹색 좌파들의 이념과 정확하게 일치한다고 지적하고 있다.

지구 냉각화와 환경 종말론

지구는 20세기 전반기에 온난화 현상을 보였다. 특히 1920년대와 1930년대에는 세계적인 폭염이 있었고 극지방 빙하가 녹는 현상이 관측 기록과 언론 기사로 남아 있다.[6] 그림 3-6은 스위스 알프스의 만년설 변화를 보여주는 사진으

그림 3-6: 스위스 알프스의 만년설 변화

6 기후 종말론: 인류사 최대 사기극을 폭로한다. 박석순·데이비드 크레이그 저, 어문학사, 2023년

로 20세기 전반기에 있었던 유럽의 온난화를 가장 시각적으로 잘 표현해주고 있다. 만년설은 고산지대에 내린 눈으로 계절의 영향을 받지 않기 때문에 지구온난화 현상을 뚜렷이 보여주고 있다.

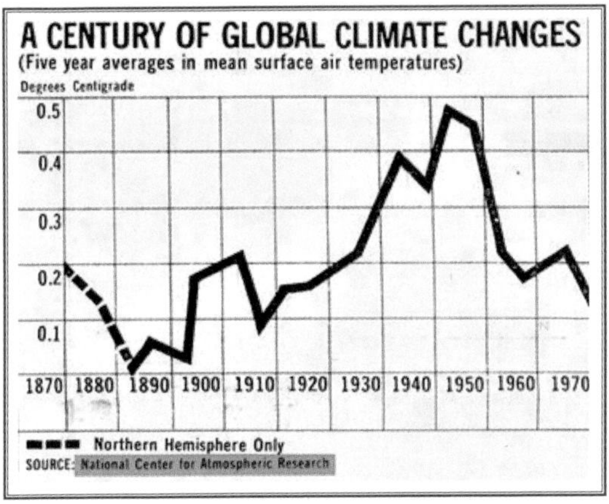

그림 3-7: 1974년 미국 국립대기연구센터가 발표한 지구의 기온 변화

20세기 후반기에 오면서 지구는 냉각화를 보이기 시작했다. 그림 3-7은 미국 국립대기연구소(NCAR: National Center for Atmospheric Research)가 1974년 발표한 지난 100년 동안의 지구 기온 변화(지표면 기온 5년 이동 평균) 그래프이며 그림 3-8은 미국 국립과학아카데미(NAS: National Academy of Science)가 1975년 발표한 북반구의 연평균 기온 변화 그래프다. 두 그래프 모두 20세기 전반기의 온난화와 후반기의 냉각화를 뚜렷이 보여주고 있다.

1960년대의 냉각화는 그동안 온난화된 지구가 다시 회복되는 수준이었다. 냉각화로 인한 식량 생산 저하가 나타나고 있었지만 크게 우려할 정도는 아니었다. 1970년대에 들어오면서 냉각화가 점점 심해지자 과학자들은 지구에 도래하는 새로운 빙하기는 인류의 생존을 위협할 것이라며 공포의 경

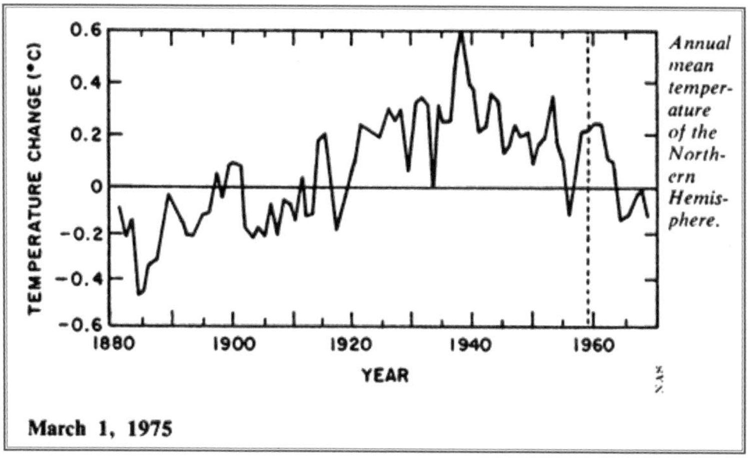

그림 3-8: 1975년 미국 국립과학아카데미가 발표한 북반구의 기온 변화

고음을 내기 시작했다. 당시 뉴욕 타임스, 워싱턴 포스트, 보스턴 글로브 등과 같은 주요 언론들은 심각한 기상 이변이 나타날 것이며 농업에 치명적인 영향을 주어 식량 생산이 급감할 것이라며 지구 냉각화 소식을 열심히 보도했다.[6]

> 상황이 너무 심각해서 1972년에는 저명한 기후과학자 42명이 당시 리처드 닉슨 미국 대통령에게 다가오는 재앙을 경고하는 편지를 썼다. 식량 생산의 현저한 감소와 극단적인 기상 이변에 대비해야 한다는 내용이었다.

이후 연방정부 차원에서 지구 냉각화에 관한 논의가 시작됐고 미중앙정보국(CIA)은 1974년 식량 부족으로 인한 국제 분쟁 발생을 우려하는 보고서를 발표했다.[6] 그 보고서에는

"모든 국가의 안녕은 안정적인 식량 공급원을 기반으로 한다. 하지만 이러한 안녕은 새로운 기후 시대에서는 가능하지 않을 것이다. 식량 정책은 모든 국가의 생존을 결정할 것이며, 강대국이 심한 식량 부족을 겪게 되면 곡물을 확보하고자 수단과 방법을 가리지 않을 것이다. 국가 간 대대적인 이주 현상이 나타나고 때로는 이주가 무력을 동반하는 중요한 현안이 될 것이며, 이러한 결과로 정치적 경제적 불안정이 만연하게 될 것이다."라고 적혀있다.

지구 냉각화로 인한 식량 부족에 인구 급증과 자원 고갈이 더해지면서 환경 종말론이 만들어졌다. 스탠포드대 폴 에를리히(Paul Ehrlich) 교수는 1968년에 출간한 저서 『Population Bomb(인구 폭탄)』에서 폭발적으로 늘어나는 인구로 인해 1980년대가 되면 전 세계에서 40억 명이 굶어 죽게 될 것이라고 했다. 1969년 그는 유엔 산하 UNSCO 컨퍼런스에 미국 대표로 참석하여 인구증가를 늦출 수 있도록 세계인의 식량에 불임을 유도하는 피임약을 첨가하는 방법을 제안하기도 했다. 그림 3-9는 그의 제안을 "인구 폭탄의 해법은 자발적 불임인가?"라는 포스터로 표현하고 있다.

1972년에 나온 로마클럽 보고서 『The Limit to Growth(성장의 한계)』는 20~30년 내 모든 자원이 고갈되어 성장은 멈추게 될 것이라는 암울한 예측을 했다. 당시 컴퓨터로 자원과 인류의 미래를 예측하여 나온 결과는 다음과 같다. 금과 주석은 각각 1981년과 1987년에 고갈되고, 1990년이 되면 아연이, 1992년에는 석유가, 그리고 1993년에는 구리, 납, 천연가스가 지구에서 더 이상 구할 수 없는 자원이 될 것으로 예측했다. 또 일인당 사용가능한 식량과 산업생산량은 각각 2008년과 2010년을 정점으로 감소하게 될 것이며, 환경오염은 계속 증가하다가 산업이 멈추고 인류 종말이 오면 2031년부터 감소하게 될 것으로 예측했다. 세계 인구는 계속 증가하다가 식량 부족과 환경오염에 의한 질병으로 2051년에 정점으로 찍고 떨어질 것으로 예측했다.

그림 3-9: 인구 폭탄 포스터

터무니없는 예측이었지만 컴퓨터를 사용했다는 이유로 당시 세계 지성인들은 크게 공감했다. 마치 지금은 지구의 기후를 슈퍼컴퓨터로 예측했다는 이유로 모두 신뢰하는 것과 비슷한 양상이 벌어진 것이다. 당시 『성장의 한계』는 전 세계 2천만 부 이상이 팔려나갔다. 그림 3-10은 컴퓨터로 예측한 미국 MIT 제이 포레스터(Jay Forrester) 교수 연구팀과 로마클럽 보고서 성장의 한계다. 신기한 것은 이 과제 연구 책임자 제이 포레스터 교수는 저자에 본인의 이름을 넣지 않았다. 보고서에 들어있는 저자는 대학원생들과 박사후 연구원이었다. 이런 예측은 엉터리라는 것을 연구 책임자는 알았던 것으로 짐작된다.

Jorgen Randers, Jay Forrester, Donella Meadows, Dennis Meadows, and William W. Behrens III in 1972

그림 3-10: 로마클럽 보고서와 참여 연구진(원으로 연구 책임자 표시)

당시 지구 냉각화, 인구 폭탄, 식량 부족, 자원 고갈 등과 같은 공포에 직접 체험할 수 있는 환경오염이 더해지면서 산업 문명의 환경위기는 극에 달하고 있었다. 자유민주주의 시장경제는 물질적 풍요는 가져왔지만 환경문제는 도저히 극복할 수 없는 체제로 낙인찍히고 있었다.

이 시기 국제정치사에는 큰 변화가 있었다. 1971년 10월 유엔총회에서 중화민국(대만)이 국가 지위를 박탈당하고 대신 중화인민국공화국(공산당 정부)이 회원국이자 안전보장이사회 5대 상임이사국이 됐다.

자유민주주의 시장경제의 환경위기와 사회주의 계획경제의 국제 정치력 강화라는 시대적 상황에서 유엔은 환경이라는 이슈에 개입하기 시작했다. 1945년 창립 이후 환경에는 아무런 관심도 보이지 않았던 유엔이 1972년에 와서 유엔인간환경회의를 개최하면서 “환경은 인간의 복지와 인권, 그리고 생존권이다.”라는 인간환경선언을 하고 유엔환경계획(UNEP: United Nations Environment Programme)을 창립했다. 이를 주도하고 초대 사무총장이 된 캐나다 출신 모리스 스트롱(Maurice Strong)은 처음부터 자유민주주의 시장경제에 대한 환경 비관론적 시각으로 기구의 역할을 찾아 나섰다.

모리스 스트롱은 유명한 친공산당 기자로서 중국에서 여생을 보낸 안나 루이스 스트롱(Anna Louise Strong)의 친조카로, 고모의 영향을 받아 자신을 “이데올로기상으로는 사회주의자이고 방법론상으로는 자본가다(I am a socialist in ideology, a capitalist in methodology).”라고 표현했다.[4] 그는 1992년 유엔 최초의 환경정상회의였던 브라질 리우 유엔환경개발회의(UNCED) 개최를 주도하고 은퇴 후 베이징에 거주하다 2015년에 사망했다. 그가 주도한 1992년 브라질 리우회의에서 유엔기후변화협약이 채택됐다.

유턴 현상과 녹색성장

1980년대에 들어오면서 대재앙을 예측했던 지구 냉각화는 중단되고 온난화가 시작됐다. 그리고 선진산업도시를 중심으로 놀라운 환경 변화가 일어났다. 과거 심각한 대기 오염을 겪었던 선진 대도시의 공기는 다시 맑아졌으며 한때 악취가 진동하고 물고기가 떼죽음을 당했던 강과 호수도 한결 깨끗해졌다. 선진산업사회에서는 물질적 풍요와 건강하고 쾌적한 환경을 함께 누릴 수 있는 "환경과 경제 상생의 시대"가 열린 것이다.

환경 비관론자들이 장담했던 대재앙은 결코 일어나지 않았다. 그들은 자동차가 내뿜는 대기 오염 때문에 사람들은 병들고, 도시에서는 가스 마스크가 필수품이 될 것이며, 강에는 사체가 가득하고 수십억 명이 굶어 죽게 될 것이라고 했지만 예상은 보기 좋게 모두 빗나갔다. 선진산업국에서 나타난 환경 변화는 낙관론자들의 예측 그대로였다.

이 변화의 원인은 아이러니하게도 자유민주주의 시장경제에 있었다. 환경 비관론자들은 자유민주주의 시장경제로 인한 급속한 산업화가 환경 대재앙을 불러온다고 했는데 그 반대 현상을 목도하게 된 것이다.

경제성장을 통한 부의 축적이 이루어졌기 때문에 환경과

학과 기술이 발달할 수 있었고, 자유민주주의 핵심 가치인 인간의 존엄성을 지키기 위해 법과 제도를 강화하여 강력한 환경정책을 추진할 수 있었던 것이 대전환의 원동력이 되었다. 여전히 해결해야 할 환경문제는 남아있었고 새로운 도전도 계속되고 있었지만, 선진산업국에서 환경의 질이 점점 좋아지고 있음은 부정할 수 없는 사실이었다.

환경 비관론은 레이첼 칼슨의 『침묵의 봄』(1962), 폴 에를리히의 『인구 폭탄』(1968), 로마클럽의 『성장의 한계』(1972), 스티븐 슈나이더의 『The Genesis Strategy: Climate and Global Survival(지구 냉각화에 살아남기)』(1976) 등에 그 뿌리를 두고 있다. 화학물질 공포, 인구 급증, 자원 고갈, 그리고 그 시기 계속되었던 지구 냉각화로 인한 농업 흉작과 식량 부족이 인류의 암울한 미래를 상상하게 했다. 여기에 사회 생태주의자들과 생태 근본주의자들의 반문명적이고 비인간적인 환경이념이 결합하고, 거짓되고 선동적인 환경 종말론까지 가미되어 세계적인 파장을 불러일으켰다.

환경 비관론이 대중적 지지를 얻고 있을 시기에도 일부 지식인들과 미래학자들은 그 허구성을 지적했다. 영국에서 과학 잡지 『Nature(네이처)』의 편집장으로 활동했던 존 매독스(John Maddox)는 저서 『Doomsday Syndrome(종말의 날 증후군)』(1972)에서 비관론을 강하게 비판했다. 그는 과학기술의 발전이 인류에게 가져올 무한한 번영을 확신하며 인구 증가에 대한 우려, 과도한 경제성장의 부정적 영향 등 당시 비관론자들의 주장은 전혀 과학적인 근거가 없다고 설파했다. 또 미국 허드슨 연구소 설립자인 허만 칸(Herman Kahn)은 로마클럽의 『성장의 한계』를 논박하면서 인류의 낙관적인 미래를 제시했다. 1976년에 출간한 『The Next 200 Years(다가오는 200년)』라는 저서에서 그는 자연자원과 환경오염과 같은 한계는 기술진보를 통해 충분히 극복할 수 있기 때문에 인류는 미래에 더욱 풍요롭고 건강한 삶을 누리게 될 것이라고 예견했다. 미국 메릴랜드대 교수 줄리언 사이먼(Julian Simon)이나 스탠퍼드대 교수 폴 로머(Paul Romer)와 같은 경제학자들도 경제성장이 환경을 오염시킨다는 비관론을 적극적으로 부인하고 낙관적인 미래를 전망하는 신성장 이론(New Growth Theory)을 주장했다.

선진 산업사회에서 나타난 환경과 경제의 상생을 유턴(U-Turn) 현상이라고 한다(그림 3-11). 초기 산업화가 진행되는 동안 오염이 가중되어 환경의 질이 떨어지지만 경제성장이 일정 수준에 도달하면 국민의 환경 의식과 기술이 향상되어 다시 회복되는 과정을 말한다. 유턴 현상의 원동력은 환경과학과 기술의 발달, 국민의 생활수준 및 환경의식 향상, 법과 제도의 강화, 그리고 이를 뒷받침해줄 수 있는 경제력이다.

녹색성장(Green Growth)은 지금 우리나라에서는 저탄소 성장(Low Carbon Growth)으로 오용되고 있지만, 원래 유턴 현상 초기에 목격되는 잿빛성장(Gray Growth)에 대비되는 용어로 사용됐다. 잿빛성장은 환경의 질이 악화되는 경제성장을, 그리고 녹색성장은 환경 개선을 동반한 경제성장을 의미한다(그림 3-11). 경제학에서는 이 현상을 처음 이론적으로 설명한 학자가 미국 하버드대 교수 사이먼 쿠즈네츠(Simon Kuznets, 1971년 노벨경제학상 수상)이기 때문에 유턴 과정을 보여주는 곡선을 환경 쿠즈네츠 곡선(EKC: Environmental Kuznets Curves)이라고 부른다.

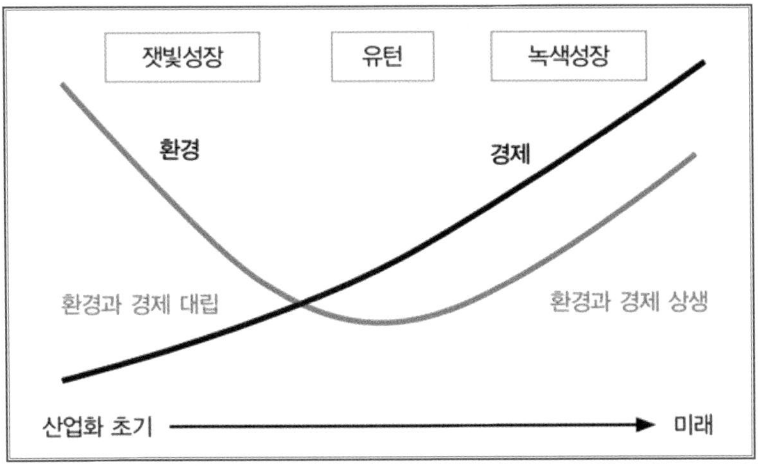

그림 3-11: 경제성장과 환경의 관계를 보여주는 유턴 현상

자유민주주의 시장경제의 환경 승리

녹색성장을 가능하게 한 것은 환경 낙관론자들의 긍정적 사고와 추진력이었다. 자유민주주의 시장경제 국가들을 중심으로 독립된 환경 행정조직이 생겨나고 강력한 환경정책이 시행됐다. 방대한 연구 투자로 환경과학과 기술이 빠르게

발달했으며, 환경오염을 예방하고 병든 자연을 치료하는 환경산업이 날로 번창하게 되었다. 그 결과 과거 심각한 대기오염을 겪었던 런던, 뉴욕, 로스앤젤레스, 도쿄 등 선진 대도시의 대기는 훨씬 맑아졌으며, 한때 죽음의 강으로 불리던 영국의 템스강과 독일의 라인강도 다시 살아났고, 미국 뉴욕의 허드슨강과 일본 도쿄의 스미다강도 한결 깨끗해졌다.

반면에 사회주의 계획경제 국가는 심각한 환경문제를 겪고 있었다. 동독과 체코, 그리고 폴란드는 유럽 최악의 환경오염 지역(검은 삼각지대: Black Triangle Region)이 되었고, 기타 동유럽 국가들과 러시아, 중국 등도 별반 차이가 없다(그림 3-12). 특히 독일의 경우, 통일 후 구동독 지역의 환경을 조사했더니, 총 1만 600km의 하천 중에서 단 3%, 665개의 호수 가운데 단 1%만 생태적으로 건강한 상태를 유지하고 있었다. 그 뿐만 아니라 매년 500만 톤 이상의 이산화황과 약 210만 톤의 분진을 배출하여 유럽 전체에서 가장 나쁜 대기 오염 상태를 보였다. 그리고 1만 3천여 곳의 쓰레기 매립지 중에서 120곳만 제대로 된 형태를 갖추었고, 나머지는 모두 관리가 이루어지지 않은 상

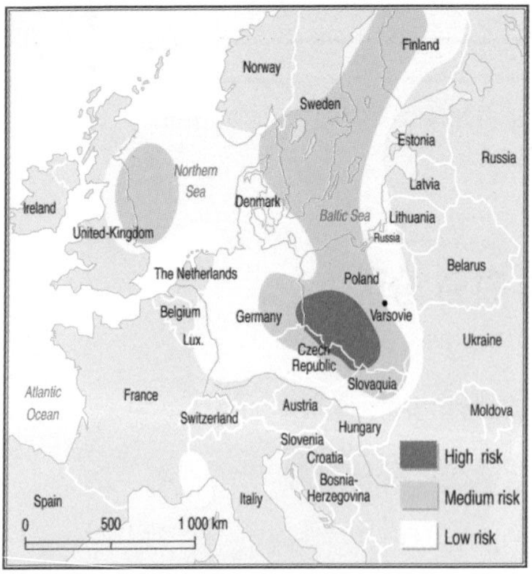

그림 3-12: 유럽의 1990년대 산성비 현황

태로 있었다. 동독에 남겨진 환경 기록은 사회주의 계획경제 체제가 환경관리에 얼마나 취약했는지를 잘 보여주고 있다.[7]

북한 또한 심각한 환경문제를 겪고 있다. 열악한 상하수도 시설, 난방에서 나오는 매연 등과 같은 생활환경도 문제지만 식량과 에너지난으로 인한 산림 훼손은 회복 불가능 상태로 가고 있다. 북한 전체 산림 750만 헥타르 가운데 약 20%인 160만~200만 헥타르가 완전히 황폐화된 민둥산이며 나머지도 그다지 울창하지 않다(그림 3-13). 지금도 매년 서울 면적의 2배에 해당하는 12만 7천 헥타르의 산림이 사라지는 것으로 보고되고 있다.[8]

그림 3-13: 북한의 민둥산과 남북한 산림 비교 그림

7 오해와 오류의 환경 신화, 디르크 막사이너·미하엘 미에르쉬, 박계수·황선애 역, 램덤하우스중앙, 2005.

8 20년 동안 산림 면적의 30%가 사라진 북한, 빅터 테플리아코프, 조선일보, 2011년 9월 28일.

물질적 풍요를 가져온 자유민주주의 시장경제가 인간의 건강과 생명을 지키는 환경에서도 승자가 된 것이다. 자유민주주의에서는 환경의 수혜자이자 피해자인 국민이 자유롭게 권리를 주장할 수 있고 선거를 통해 민의를 전달할 수 있었기에 강력한 환경정책이 추진될 수 있었다.

자유민주주의로 인해 더욱 엄격한 환경법과 제도가 만들어지고 환경규제가 강화됐고, 강화된 규제를 만족시키기 위하여 시장경제는 급속한 환경기술의 발달을 가져왔다. 기술과 제품 경쟁에서 승자만이 살아남는 시장경제가 끊임없는 연구개발을 촉진했고 이것이 지금의 환경기술과 산업을 이루어낸 것이다. 그리고 경제성장을 통한 부의 축적이 환경을 보호하고 개선할 수 있는 재원을 제공할 수 있었다. 지난 100년 동안 인류가 경험한 환경사는 자유민주주의 시장경제가 환경을 위해 사회주의 계획경제보다 우수한 제도라는 결론을 내리고 있다.

장수촌이 된 선진 도시

자유민주주의 시장경제의 환경 승리는 도시를 새로운 모습으로 바꿨다. 초기 산업화가 진행되는 도시에서는 사람들은 심각한 환경오염으로 건강과 생명에 피해를 겪으면서 살았다. 하지만 환경과학과 기술의 발달은 시민들에게 건강하고 쾌적한 도시를 제공할 수 있게 됐다. 산업화 이후 최고의 도시라 불리고 있는 뉴욕과 런던이 그 변화를 가장 잘 보여주고 있다.

그림 3-14는 1950년대 뉴욕과 런던의 스모그를 보여주는 사진과 초기 산업화와 도시화가 진행됐던 시기에 발생한 대기 환경 재난이다. 1930년 벨기에의 산업 지대였던 뮤즈 밸리(Meuse Valley)를 제외하면 모두 뉴욕과 런던에서 겨울철 난방으로 재난이 발생했다. 뉴욕과 런던은 초기 산업화 시기에 자유민주주의 시장경제 체제에서 가장 앞선 문명을 자랑하고 있었다. 하지만 당시 서구 도시가 겪고 있었던 환경문제로 인해 사회주의 계획경제 진영에서는 이를 비웃고 있었다. 그래서 사회생태주의자들은 환경문제는 자본주의가 몰락하

Date	Place	Excess deaths
December 1873	London, UK	270-700
December 1892	London,UK	1000
December 1930	Meuse Valley, Belgium	63
December 1952	London, UK	4000
November 1953	New York, USA	250
December 1962	London, UK	340-700
January-February 1963	New York City, USA	200-405
November 1966	New York City, USA	168

그림 3-14: 1950년대 뉴욕과 런던의 스모그와 대기 환경 재난 사망자 수

게 되는 새로운 자멸 요소가 될 것으로 확신하고 있었다.

하지만 오늘날 뉴욕과 런던은 전혀 다른 모습으로 변했다. 그림 3-15는 2016년 세계보건기구가 발표한 대도시 미세먼지(PM10)와 초미세먼지(PM2.5) 농도다. 과거 최악의 대기오염 상태를 보였던 뉴욕과 런던은 세계 대도시 최상위권으로 개선됐다.

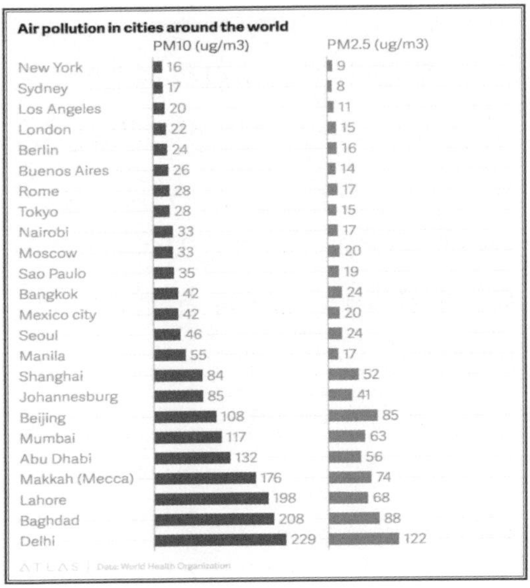

그림 3-15: 세계 대도시 대기 상태

대기뿐만 아니라 모든 생활환경 개선으로 선진 대도시는 장수촌이 됐다. 그림 3-16의 왼쪽은 뉴욕 시민의 기대 수명을 보여주는 것으로 2001년 뉴욕에서 출생한 아이는 미국 평균보다 12개월 더 오래 살고 2010년 출생아는 26.4개월이나 더 오래 사는 것으로 나타났다. 1901년 뉴욕에서 출생한 아이의 기대 수명은 미국 평균보다 7년 짧았다는 기록이 남겨져 있다.[9] 그림 3-16의 오른쪽은 런던에 사는 여성이 87.3세의 기대 수명을 갖는 영국 최장수 그룹이라는 것을 보여주

9 Triumph of the City: How Our Greatest Invention Makes Us Richer, Smarter, Greener, Healthier, and Happier, Edward L. Glaeser, 2012

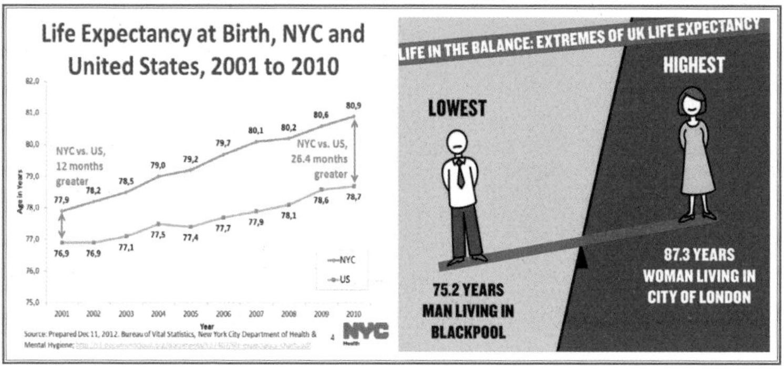

그림 3-16: 장수촌이 된 뉴욕과 런던 시민의 기대 수명

고 있다. 2020년 기준으로 영국인의 평균 기대 수명이 80.9세인 것과 비교하면 런던 여성이 평균보다 6.4년이나 더 오래 산다는 것이다. 선진 대도시가 장수촌이 된 것은 자유민주주의 시장경제의 환경 승리다.

자유민주주의는 인간의 존엄성을 지키기 위해 법과 제도를 강화하였고 시장경제는 급속한 환경기술과 산업의 발달을 가져와 이를 뒷받침할 수 있었다. 또 경제성장을 통한 부의 축적이 환경을 보호하고 개선할 수 있는 재원을 제공하여 물질적 풍요와 건강하고 쾌적한 환경을 함께 얻을 수 있었다.

Please remain calm.
The climate is "beyond our power to control" and humanity cannot and should not do anything to respond to climate change. Climate change is a matter of geologic time, something that the earth routinely does on its own without asking anyone's permission or explaining itself.

Robert Laughlin

제4장

환경 비관론과 기후 종말론

그냥 가만히 두라.
기후는 인간의 통제 능력 밖이다.
인간은 기후변화에 어떤 일도 할 수 없고
해서도 안 된다. 기후변화는 지질학적
시간의 문제로 지구가 누구의
허락을 받거나 자체 설명도 없이
일상적으로 하는 일이다.

로버트 로플린(Robert Laughlin)
1998년 노벨물리학상 수상자

제4장 환경 비관론과 기후 종말론

환경 비관론자들은 자유민주주의 시장경제가 가져온 물질적 풍요와 건강하고 쾌적한 환경을 믿고 싶지 않았다. 시대를 앞서가는 지성인이라고 자부하며 지구 생태계와 인류 생존을 위해 사회주의 계획경제의 필요성을 역설했는데 모두 틀리자 그들은 생존의 기로에 서게 됐다. 여기에 창립 초기부터 자유민주주의 시장경제의 급속한 산업화와 지구의 인구 증가를 환경 비관론적 시각으로 봐왔던 유엔환경계획(UNEP)도 이러한 상황이 달갑지 않았다.

환경 비관론의 부활

환경 비관론은 일단 실패했지만 이를 부활시킬 또 다른 이론들이 잠복하고 있었다. 그중 하나는 인간에 의한 지구 성층권의 오존층 파괴였다. 1974년 미국 캘리포니아대학교 어바인 분교 셔우드 롤런드(Sherwood Rowland) 교수와 마리오 몰리나(Mario Molina) 박사는 냉장고와 에어컨의 냉매로 사용하고 있던 프레온 가스가 태양광의 강한 자외선을 차단하여 지구 생물을 보호해주는 오존층을 파괴할 수 있다는 과학적 이론을 학계에 보고했다. 프레온 가스는 독성이 적고 연소성이 없으며 안정적이어서 냉매 외에도 기계·금속·전자제품의 탈지·세정제, 화장품·살충제의 분무제, 발포제 등에 폭넓게 사용되고 있었다. 특히 제2차 세계대전 이후 사용량이 폭발적으로 증가해 1970년경에는 연간 약 75만 톤으로 늘어났다.

오존층이 파괴되면 파장이 짧은 자외선(UV-B)이 지면에 도달하여 인체와 생태계에 치명적인 영향을 미칠 것이라고 경고했다. 인체에는 피부암, 백내장, 각막염 등이 증가하고, 면역력이 떨어져 전염병도 늘어나게 된다는 것이다. 또 육상식물의 광합성을 저해해 식량 생산을 줄어들게 하며, 수중생태계의 경우 식물성 플랑크톤 생산력을 떨어뜨려 어획량도 감소할 수 있다는 것이다. 1970년대에는 관측된 현상이 없는 이론에 불과했기 때문에 대중의 주목을 받지 못했다. 하지만 그 이론이 가진 잠재적 폭발력은 대단한 것이었다.

오존층 파괴의 우려는 1980년대에 들어서면서 일부 현실로 나타나기 시작했다. 1982년 남극 상공에서 오존이 파괴된 구멍이 위성으로 관측됐고 북극 상공의 오존층이 엷어진 것도 확인됐다. 또 지면에 도달하는 자외선(UV-B)의 양도 증가한 것으로 나타났으며 오존층 파괴에 따른 지구 생물상의 피해도 보고되기 시작했다.

또 다른 복병은 산성비로 유럽과 북미에서 오래전부터 국제적인 문제로 제기되고 있었다. 산성비는 1872년 영국의 과학자 로버트 스미스(Robert Smith)에 의해 처음으로 보고됐지만 1950년대에 와서 피해의 심각성이 알려지게 됐다. 특히 노르웨이나 스웨덴과 같은 스칸디나비아 국가들이 영국의 산업화로 인해 1백 년도 넘게 피해를 입고 있었다. 스칸디나비아반도는 토양이 유난히 산성비에 민감하여 호수 대부분이 죽어갔고 산림 손상도 심했다.

이러한 피해를 잘 알고 있었던 노르웨이 그루 할렘 브룬틀란(Gro Harlem Brundtland)는 1981년 최초의 여성 수상으로 취임하면서 유엔에 새로운 역할을 요구했다. 오슬로대학에서 의학을 공부한 의사 출신이었던 그녀는 1974년부터 1979년까지 노르웨이 환경부 장관을 역임했다(그림 4-1). 유엔은 그녀의 제안으로 1983년 환경과 개발에 관한 세계 위원회(WCED)를 설립하여 1987년에 "환경적으로 건전하고 지속가능한 미래(ESSD)"를 비전으로 제시한 『우리 공동의 미래(Our Common Future)』라는 일명 브룬틀란 보고서를

그림 4-1: 브룬틀란 수상과 보고서

내놓았다. 이 보고서는 인구, 식량, 주거, 산업, 에너지, 생태계 등 국제기구가 해야 할 포괄적인 환경 역할을 강조하면서 지속가능발전이라는 새로운 명제를 국제 사회에 던졌다.

1988년에는 드디어 지구온난화가 거대한 이슈로 등장했다. 1970년대는 심각한 지구 냉각화를 걱정했는데 이번에는 지구가 더워진다는 주장이 설득력을 얻었다. 미국 항공우주국(NASA)의 제임스 한센(James Hansen) 박사는 화석연료 사용에서 배출되는 이산화탄소로 인해 지구가 더워지며 이로 인해 극지방 빙하가 녹고 뉴욕 맨해튼 서쪽 고속도로가 2009년까지 바닷물에 잠길 것이라는 구체적인 주장도 했다. 1988년 6월 23일 미 의회에서 증언하며 역사상 가장 더운 해가 될 것이라고 예언했다. 당시 매우 충격적인 내용이어서 뉴욕 타임스는 다음날 신문 헤드라인 뉴스로 보도했다(그림 4-2).

그림 4-2: 제임스 한센의 1988년 미 의회 증언과 6월 24일 뉴욕 타임스

유엔은 기조를 신속하게 180도 바꿔 이번에는 지구온난화

로 인류는 대재앙을 맞이할 수 있다며 새로운 역할을 찾아 나섰다. 환경 비관론은 오존층 파괴, 산성비, 지속가능발전, 지구온난화 등으로 새롭게 부활했다.

당시 유엔환경계획 모스타파 톨바(Mostafa Tolba) 사무총장은 1988년 "기후변화에 관한 정부 간 협의체(IPCC: Intergovernmental Panel on Climate Change)"를 세계기상기구(WMO)와 공동으로 설립했다. IPCC는 지구온난화의 원인을 과학적으로 규명하고, 영향과 적응 대책을 수립하며, 완화 조치를 세우는 임무가 주어진 조직이었다.

유엔의 수상한 대재앙 예측

놀라운 것은 IPCC가 제1차 보고서도 내놓기 전에 유엔은 "지구온난화로 인류는 대재앙을 맞이하게 된다."라는 공포를 조성하기 시작했다는 사실이다. IPCC 설립에 참여했던 UNEP 유엔본부(뉴욕) 책임자 노엘 브라운(Noel Brown)은 1989년 『AP 통신』과 다음과 같은 인터뷰를 했다(그림 4-3). "2000년까지 지구온난화 추세를 중단하지 못하면 해수면 상승으로 모든 나라가 지표면에서 사라질 것이다. 해안 침수와 농업 흉작으로 인해 환경 난민의 대탈출이 이어지고 정치적 혼란을 가져올 것이다." 이 내용은 『로스앤젤레스 타임스

(Los Angeles Times)』에도 남겨져 있다.[1] 노엘 브라운도 1972년 UNEP 창립 사무총장 모리스 스트롱이 말했던 것처럼 "세계를 대재앙으로부터 구할 수 있는 시간은 10년밖에 남지 않았다."라는 주장을 했다. IPCC 첫 회의가 1988년 11월에 개최됐는데 1년도 지나지 않은 1989년 6월에 이런 대재앙 예측을 공식 발표했다는 사실은 매우 놀랍다.

IPCC는 1990년에 제1차 기후평가 보고서를 제출했다. 초대 IPCC 의장이었던 스웨덴 스톡홀름대 버터 볼린(Bert Bolin) 교수가 이를 총괄하면서 지구온난화에 관해 비교적 과학적으로 접근한 것으로 알려져 있다. 기상학자였던 그는 노엘 브라운(Noel Brown)이 1989년에 했던 예언과는 전혀 다른 내용의 보고서를 발표했다. 제1차 보고서의 핵심 내용은 "지구가 더워지는 현상이

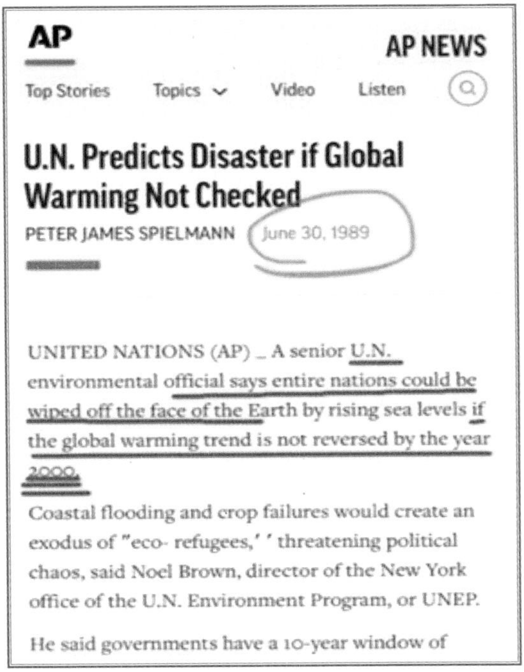
AP

AP NEWS

Top Stories Topics Video Listen

U.N. Predicts Disaster if Global Warming Not Checked

PETER JAMES SPIELMANN June 30, 1989

UNITED NATIONS (AP) _ A senior U.N. environmental official says entire nations could be wiped off the face of the Earth by rising sea levels if the global warming trend is not reversed by the year 2000.

Coastal flooding and crop failures would create an exodus of "eco- refugees,' ' threatening political chaos, said Noel Brown, director of the New York office of the U.N. Environment Program, or UNEP.

He said governments have a 10-year window of

그림 4-3: 노엘 브라운의 1989년 AP 통신 인터뷰

1 www.latimes.com/archives/la-xpm-1989-06-30-mn-2820-story.html

관찰되고 있으나 인간의 영향인지 확신할 수 없다."였다. 버터 볼린은 IPCC 초대 의장이 되기 전에는 지구온난화가 인간의 영향이라고 주장했으나 1차 보고서에서는 다른 결론을 내놓았다.[2]

유엔기후변화협약과 인간 악마론

하지만 UNEP는 IPCC 제1차 보고서의 과학적 사실을 묵살하고 기후와의 이유 없는 전쟁을 선포하고 있었다. UNEP 사무총장 모스타파 톨바는 1990년에 있었던 언론과의 인터뷰에서 "기후와의 전쟁에서 이기고 지느냐는 전반기 5년에 걸렸다."라고 했다(그림 4-4).[3] 그리고 그는 1992년 브라질 리우데자네이루에서 개최된 환경정상회의에서 유엔기후변화협약을 채택하는 데 중요한 역할을 했다.

유엔은 화석연료에서 배출된 이산화탄소가 지구 기후에 어떤 영향을 주는지를 규명하지 않은 상태에서 이를 줄이기 위한 국제협약을 시작한 것이다. 이러한 시도는 산업화 이후 인구가 급증하면서 인간은 도시 개발, 식량 생산, 자원 채굴 등을 통하여 지구 곳곳을 파괴했기 때문에 "인간에 의한

2 The great global warming swindle
https://youtu.be/9aPW53d3AJE?si=wqCJFnEYRsbjQ-EA

3 https://twitter.com/BjornLomborg/status/1424475739861176328

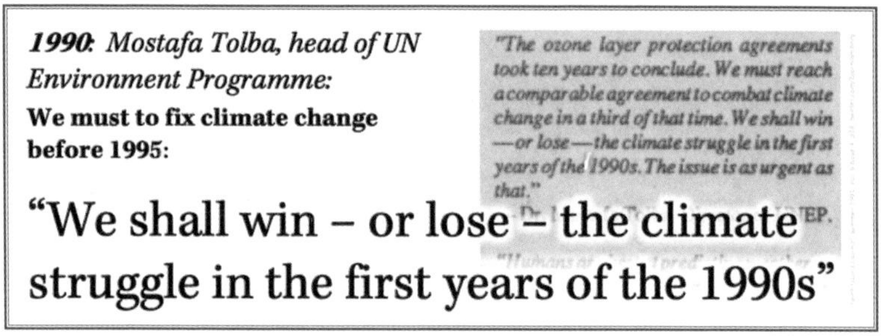

그림 4-4: 모스타파 톨바의 1990년 기후와의 전쟁 인터뷰

것은 무엇이든 지구에는 나쁘다."라는 인간 악마론에 근거한 것이다.

이 협약으로 인해 강력한 이익 집단이 형성되기 시작했다. 엄청난 돈과 권력이 걸려 있는 세계적인 에너지 대전환을 촉진할 수 있기 때문이었다. 지구온난화는 이처럼 처음부터 과학을 떠나 정치화되고 있었다.

1995년에 나온 제2차 보고서의 결론은 "인간의 영향이 지구온난화의 원인 중 하나일 수 있다."였다. 하지만 이때부터 매년 당사국 총회(COP: Conference Of Parties)를 개최하면서 지구를 위한다는 명분으로 온실가스 감축을 정당화했다. 1997년 12월 제3차 당사국 총회에서는 160개국이 온실가스를 1990년 수준보다 5.2% 감축한다는 교토의정서를 채택했다(그림 4-5). 우리나라는 중국, 인도 등과 함께 개발도상국에 포함되어 감축 대상국에서 제외됐다. 하지만 미국에서는 1999

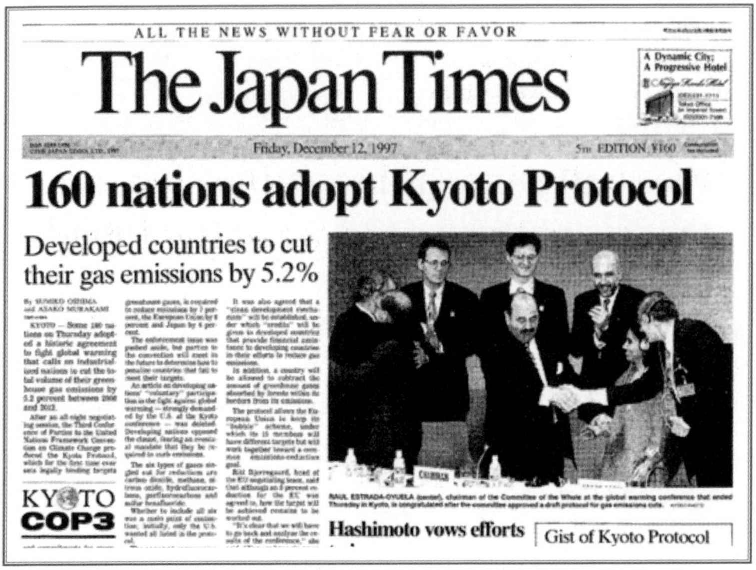
ALL THE NEWS WITHOUT FEAR OR FAVOR

The Japan Times

A Dynamic City; A Progressive Hotel

Friday, December 12, 1997

5th EDITION ¥160

160 nations adopt Kyoto Protocol

Developed countries to cut their gas emissions by 5.2%

KYOTO COP3

Hashimoto vows efforts

Gist of Kyoto Protocol

그림 4-5: 1997년 교토의정서 채택 언론 보도

년 31,497명의 과학자들이 이를 반대하기 위한 오리건 청원(Oregon Petition)을 제출했다.

과학자들은 미국 정부가 교토의정서와 기타 유사 제안을 거부할 것을 촉구하고, 온실가스 배출 제한은 환경을 해치고 과학기술의 발전을 방해하며 인류의 건강과 복지를 해칠 것이라고 했다. 또 인간에 의한 이산화탄소, 메탄 또는 기타 온실가스 배출이 가까운 미래에 재앙적 지구온난화를 일으킨다는 과학적 증거는 없으며, 대기에 이산화탄소가 증가하는 것은 자연 생태계에 많은 유익한 영향을 미친다는 상당한 과학적 증거가 있음을 알렸다.

미국은 공화당 부시 행정부가 들어서면서 2001년 교토의정서를 탈퇴했다. 교토의정서는 2005년 발효되었으나 2011년에 캐나다, 2012년에 일본과 러시아가 탈퇴함으로써 결국 유럽연합(EU) 중심의 국제조약으로 남게 됐다.

2009년 미국에서 민주당 오바마 대통령이 취임하면서 유엔기후변화협약은 탄력을 받게 됐고 2015년 파리협정(Paris Agreement)이 채택됐다. 지구 평균기온 상승을 산업화 이전 수준의 2℃ 이하로 유지하고 "기후변화의 위험과 피해를 실질적으로 줄이기 위해" 1.5℃로 제한하는 노력을 하는 데 195개국이 서명했다. 서명한 국가들은 어떤 조치를 추진할 것인지를 보여주는 온실가스 감축 목표(NDC: Nationally Determined Contributions)를 스스로 제시하기로 했다. NDC는 법적 구속력이 없기 때문에 이행 여부가 불투명할 뿐 아니라 온실가스 감축이 기온 상승을 억제한다는 과학적 근거가 턱없이 부족하다. 2017년 미국 공화당 트럼프 대통령은 "온난화는 엄청난 비용이 들어가는 완전 사기다(Global warming is a total and very expensive hoax)."라며 파리협정에서 탈퇴했다(그림 4-6).

그림 4-6: 트럼프 대통령의 지구온난화 사기

2020년 미국 대선에서 공화당 트럼프 후

보와 민주당 바이든 후보가 다시 기후변화 정책으로 격돌했다. 트럼프 후보는 지구온난화는 사기라며 자신은 석탄을 사용을 계속하겠다고 선언했다(그림 4-7). 반면에 바이든 후보는 기후변화는 인류에게 실존적 위협이라며 대책을 강조했다. 우여곡절 끝에 바이든 후보가 승리하여 2021년 1월 대통령에 취임하고 파리기후변화협약 재가입을 선언했다. 하지만 2021년 미국 백악관 과학기술정책국 기후변화정보요약서(Climate Change Information Brief)는 "기후 위기는 없으며(1장 13쪽 참고), 인류 발전과 경제성장을 가로막는 정책은 단호히 저항해야 한다."라고 명시하고 있다(그림 4-8). 이 보고서는 번역하여 『기후 종말론』(2023)에 부록으로 첨부했다.

그림 4-7: 석탄 사용을 주장한 트럼프 후보

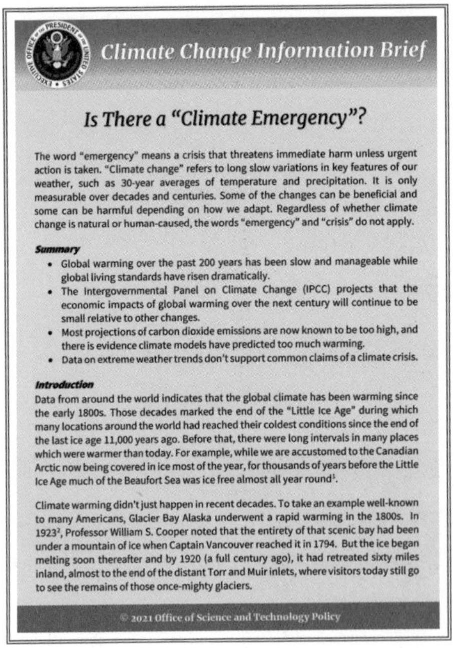

Climate Change Information Brief

Is There a "Climate Emergency"?

The word "emergency" means a crisis that threatens immediate harm unless urgent action is taken. "Climate change" refers to long slow variations in key features of our weather, such as 30-year averages of temperature and precipitation. It is only measurable over decades and centuries. Some of the changes can be beneficial and some can be harmful depending on how we adapt. Regardless of whether climate change is natural or human-caused, the words "emergency" and "crisis" do not apply.

Summary
- Global warming over the past 200 years has been slow and manageable while global living standards have risen dramatically.
- The Intergovernmental Panel on Climate Change (IPCC) projects that the economic impacts of global warming over the next century will continue to be small relative to other changes.
- Most projections of carbon dioxide emissions are now known to be too high, and there is evidence climate models have predicted too much warming.
- Data on extreme weather trends don't support common claims of a climate crisis.

Introduction
Data from around the world indicates that the global climate has been warming since the early 1800s. Those decades marked the end of the "Little Ice Age" during which many locations around the world had reached their coldest conditions since the end of the last ice age 11,000 years ago. Before that, there were long intervals in many places which were warmer than today. For example, while we are accustomed to the Canadian Arctic now being covered in ice most of the year, for thousands of years before the Little Ice Age much of the Beaufort Sea was ice free almost all year round[1].

Climate warming didn't just happen in recent decades. To take an example well-known to many Americans, Glacier Bay Alaska underwent a rapid warming in the 1800s. In 1923[2], Professor William S. Cooper noted that the entirety of that scenic bay had been under a mountain of ice when Captain Vancouver reached it in 1794. But the ice began melting soon thereafter and by 1920 (a full century ago), it had retreated sixty miles inland, almost to the end of the distant Torr and Muir inlets, where visitors today still go to see the remains of those once-mighty glaciers.

© 2021 Office of Science and Technology Policy

그림 4-8: 2021년 미국 백악관 보고서

2021년 백악관 기후 보고서에서 주목할 사항 중 하나는 미국의 알래스카주 빙하만(Glacier Bay)을 예로 들면서 지난 200년 동안 지구온난화는 자연현상으로 진행되어왔음을 분명히 하고 있다는 사실이다. 그림 4-9는 보고서에 있는 알래스카주 빙하만 지도다. 1794년에 만 전체가 빙하로 덮여 있었는데 이후 계속해서 녹았고 지금까지 빙하가 점차 사라진 정도를 연도별로 표시하고 있다. 빙하만 전체가 1700년대 후반부터 1800년대에 걸쳐 자연현상에 녹은 것(Natural Melting)임을 보여주고 있다. 인간의 화석연료 사용이 급증하기 시작한 1900년대 후반에 녹았다고 명시된 부분(Man-Made

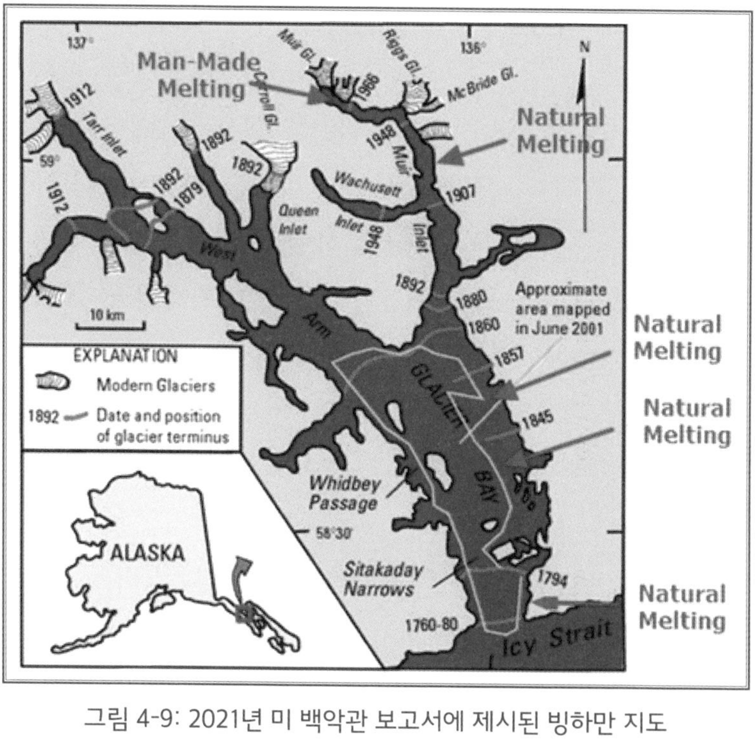

그림 4-9: 2021년 미 백악관 보고서에 제시된 빙하만 지도

Melting)은 마지막 뮈르 만(Muir Inlet) 위쪽 일부이며 이것 역시 자연현상의 연장에 불과하다. 미국 백악관 기후보고서는 이 지도를 통해 지금의 지구온난화는 소빙하기 이후 자연적 기온 상승에 의한 것임을 보여주고 있다. 바이든의 과거 주장에 대한 반박 불가의 증거 자료가 백악관 내부에서 보고된 것이다.

미국인에게는 인간이 지구온난화를 일으키지 않았음을 보여주는 이것보다 더 좋은 증거 자료는 없을 것이다. 이런 보고서에도 불구하고 바이든 행정부는 과거 민주당이 해왔던 것처럼 열심히 기후 위기 선동을 하고 있다.

현재 파리기후변화협약에 참여하고 있는 195개국은 크게 3개 그룹으로 나눌 수 있다. 유럽과 미국을 비롯한 선진산업국, 중국이나 인도와 같은 현재 산업화가 급속히 진행되는 개발도상국, 그리고 지금도 가난이 만연한 저개발국이다. 선진산업국은 자신들의 성공에 대한 죄책감으로 온실가스 감축을 위해 진지하게 노력하고 있다. 일부 국가들은 NDC를 법으로 제정하기까지 했다.

하지만 개발도상국은 온실가스 배출량을 감축하려는 의도가 전혀 없다. 이들은 자국민과 기업에 싸고 안정적인 전력을 공급하기 위해 더 많은 석탄 발전소를 건설하고 있으며, 더 많은 기업과 일자리가 에너지 가격이 비싼 선진국에서 자국으로 이동해 올 것을 기대하고 있다. 저개발국가에서는 일부 부패한 지도자들이 기후변화협약 덕에 이미 억만장자가 됐다. 이들은 피해국 자격으로 더 많은 기금을 바라고 있다.

지구온난화 이론의 과학적 모순

유엔기후변화협약은 시작부터 수많은 과학적 모순을 내포하고 있었다. 그럼에도 불구하고 기후 선동가들과 강력한 이익 집단에 의해 정치화된 IPCC는 1997년 선진산업국에 온실가스 감축을 요구하는 교토의정서를 채택했다. 온실가스가 지구온난화를 일으킨다는 과학적 증거도 없이 엄청난 경제적 희생을 강요하는 국제조약을 감행한 것이다.

공교롭게도 1997년 5월부터 지구온난화가 중단되는 현상이 위성으로 관측되기 시작했다. 이 현상으로 기후 위기론이 세계적인 조롱거리로 몰리게 되자 관측 자료 조작과 거짓 선동이 자행됐다.

지구온난화가 인간이 배출한 이산화탄소에 의한 것이라는 이론에 가장 큰 걸림돌은 지구의 기후 역사였다. 지구의 기온은 과거에도 이산화탄소와 무관하게 상승과 하락을 반복했음이 과학적으로 밝혀져 있었다. 기후 역사를 보면 중세 온난기(Medieval Warm Period: 서기 950~1250년)에는 지금보다 기온이 1~2℃ 높았고 소빙하기(Little Ice Age: 서기 1250~1850)에는 2~3℃ 낮았다. 이 시기 지구의 대기 이산화탄소 농도는 280ppm 수준이었다. 제1차 보고서는 이러한 사실을 그래프로 제시하면서 분명히 해두었다(그림 4-10의 그래프 c). 그 외에도 과거 80만 년 이상의 변화를 보여주는 (a)와 11,000년 동안의 (b)도 함께 제시하고 있다. (a)는 적어도 세 번의 간빙기는 지금보다 기온이 높았음을 확실히 보여주고 있다. (b)는 지금보다 기온이 높았던 홀로세 기후 최적기(Holocene

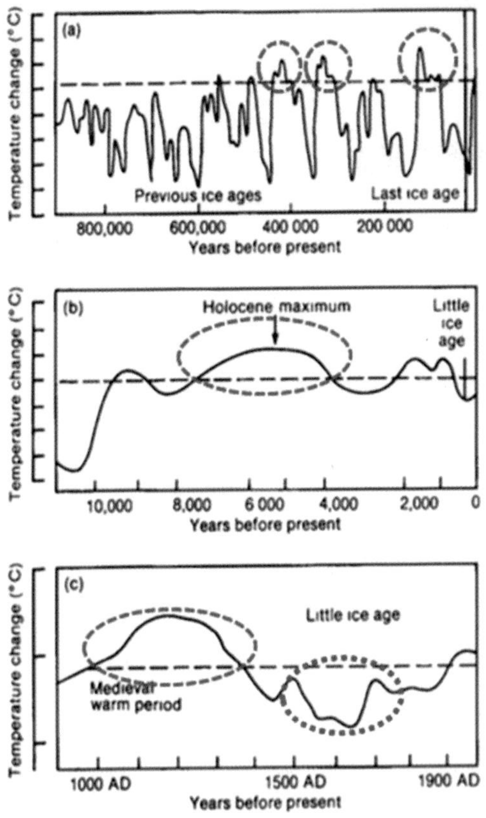

Figure 7.1: Schematic diagrams of global temperature variations since the Pleistocene on three time scales (a) the last million years (b) the last ten thousand years and (c) the last thousand

그림 4-10: 제1차 기후평가 보고서에 제시된 지구의 기후 역사

Climate Maximum: 지금부터 9,500~5,500년 전)도 보여주고 있다.

IPCC는 지구의 기후 역사에서 지금보다 기온이 높았던 모든 시기가 싫었다. 그중에서도 특히 그래프 (c)는 1980년대 후반에 시작된 지구온난화의 원인이 이산화탄소라는 주장에는 치명타였다. 지금보다 기온이 높았던 중세 온난기와 낮았던 소빙하기는 기온 변화의 원인은 결국 태양의 활동이라는 과학적 진실을 인정해야 하는 결정적 증거가 될 수 있기 때문이다. 그래프 (c)는 저명한 기후과학자 영국의 이스트앵글리아대 휴버트 램(Hubert Lamb) 교수의 연구 결과로 과학자들의 폭넓은 지지를 받고 있었다.

조작된 기후 역사와 하키 스틱

IPCC의 고민을 해결할 수 있는 두 편의 수상한 논문이 1998년과 1999년에 각각 출간됐다. 지금은 미국 펜실베이니아 주립대 교수가 된 마이클 만(Michael Mann)은 당시 박사 과정 시절에 두 명의 동료와 함께 미국 캘리포니아주의 브리슬콘(Bristlecone) 소나무와 캐나다 세인트로렌스강 하구에 있는 가스페 반도(Gaspé Peninsula)의 삼나무에서 채취한 나이테로 지난 1,000년의 지구 기온을 복원했다.[4] 이 그래프는 서

4 Northern Hemisphere Temperatures during the Past Millenium, Mann et al, Geophysical Research Letters, 1999.

기 1000~1900년에는 기온이 계속 내려가고 있으며 20세기에는 급상승하고 있음을 특징적으로 보여주기 때문에 "하키 스틱(Hockey Stick)"이라 불렸다(그림 4-11).

이 논문이 나오자 IPCC는 저명한 기후과학자 휴버트 램의 그래프를 버리고 박사과정 학생이 나무의 나이테로 추정한 "하키 스틱" 그래프를 채택하여 2001년 제3차 보고서부터 사용했다. 나이테는 1년 동안 날씨가 더울 때뿐만 아니라 비가 많이 오거나 공기 중에 더 많아진 이산화탄소가 나무에 영양분을 공급하여 성장을 촉진할 때 두꺼워지기 때문에 과거 기온을 추정하기에는 근거가 약하다고 IPCC 스스로 경고한 바가 있다.

휴버트 램의 그래프는 역사적 사실과 관측된 기온을 근거로 하고 있다. 인간이 1659년 영국에서 처음 온도계를 발명

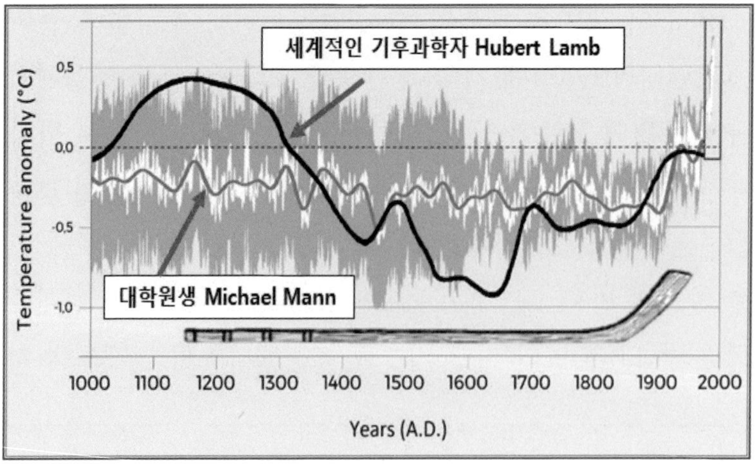

그림 4-11: 세계적인 기후과학자와 대학원생의 기후 역사 그래프

하여 초기에는 잉글랜드 중부(Central England) 지방에서, 이후 유럽과 미국 등에서 사용했고 기상 관측기관에 남겨진 자료를 오랜 기간 수집하여 만들어진 것이다(그림 4-12). 그림에 있는 온도계로 관측된 기록을 보면 소빙하기 이후 인간에 의한 이산화탄소 배출과 무관하게 지구의 기온이 점점 증가하고 있음은 누구도 부인할 수 없다.

특히 주목할 사항은 제2차 세계대전이 끝나기 이전(1945년)까지 약 200년 동안에는 급속한 대기 이산화탄소가 증가가 없었지만 지구가 소빙하기를 빠져나오면서 기온은 일정하게 상승하고 있다는 사실이다. 다른 하나는 1694년부터 1729년까지 35년 동안 이산화탄소 증가도 없는 상태에서 2℃나 상

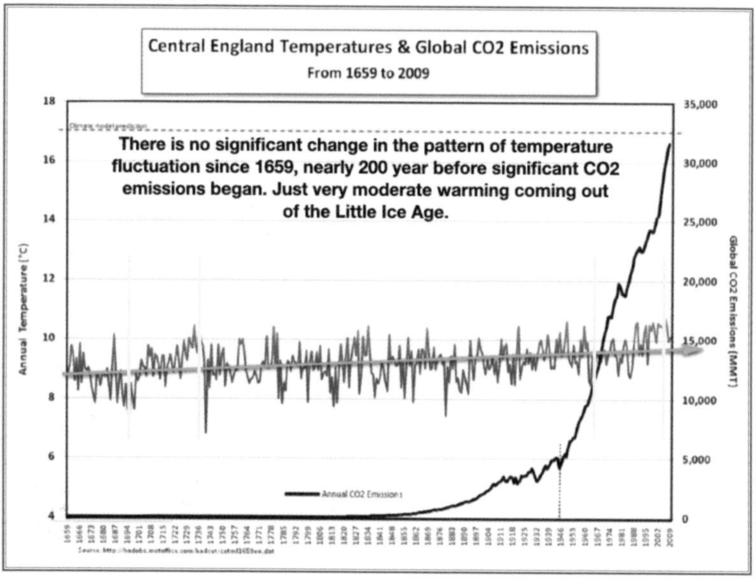

그림 4-12: 소빙하기 이후 온도계로 관측된 지구 기온 그래프

승했다는 사실이다. 이 시기의 기온 상승은 지금까지 우리가 경험한 어떤 기온 상승보다 빠르게 일어났다.

휴버트 램의 그래프를 부인할 수 없는 또 다른 증거는 중세 온난기와 소빙하기에 있다. 중세 온난기에는 그린란드에 수천 명에 달하는 바이킹이 정착하고 살았다는 사실은 역사 기록으로 남아 있다. 그림 4-13은 그린란드에서 사람들이 정착하여 살았던 곳을 표시한 지도와 거주민들의 성당(Catholic Church) 건물(왼쪽 상)과 농가(왼쪽 하)의 잔해를 보여주고 있다.

또 하나의 중요한 증거가 있다. 1959년에 출간한 휴버트 램 교수의 논문에서 볼 수 있듯이 당시 기온이 지금보다 1~2℃ 높아서 북위 55도에 이르는 러시아, 잉글랜드 북부, 그리고 노르웨이까지 포도가 재배됐고 와인을 만들어 먹었음

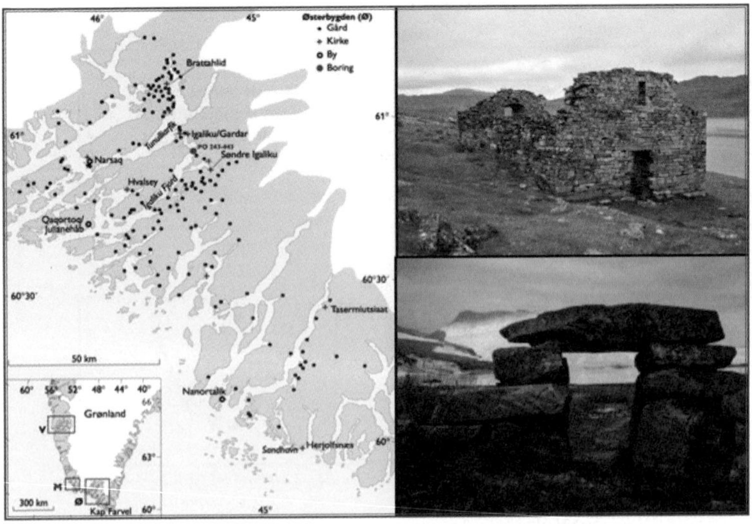

그림 4-13: 중세 온난기 바이킹 정착 지역과 성당 및 농가 유적

이 중세 온난기를 충분히 입증해준다(그림 4-14). 당시 포도 농지라는 지명이 지금도 남아있다.

소빙하기는 온도계로 관측된 기록으로도 알 수 있을 뿐만 아니라 영국 템스강이 결빙된 역사에서도 확인할 수 있다. 영국 런던은 0℃ 이하로 떨어지는 경우는 거의 없고 템스강은 사시사철 얼지 않는다. 만약 이런 날씨가 나타나면 언론은 대서특필한다. 기록에 따르면 20세기 들어서는 1963년 1월에 한 번 있었고 21세기에는 2021년 2월에 런던 인근 지역(Teddington)에서 관측된 것으로 알려져 있다.[5] 하지만 소빙하기 시기에는 템스강이 얼고 당시 겨울 축제(Frost Fair)가 열렸음을 역사는 기록하고 있다. 템스강 최초의 겨울 축제는

1 - 2°C Warmer Climate in Medieval Times Supported Wine Vineyards in Russia, N. England, Norway (55°N)

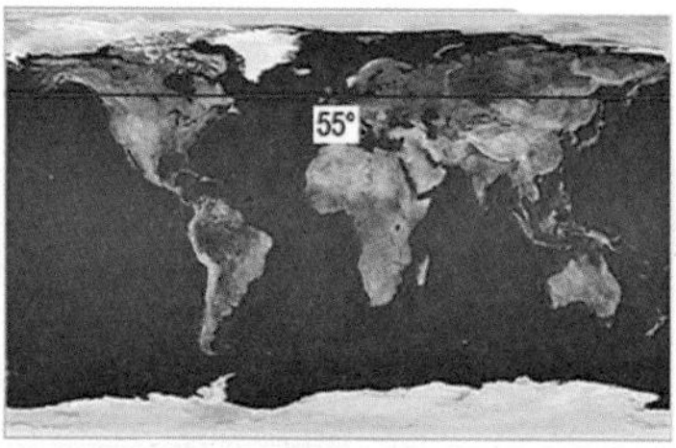

55th parallel north

Wikipedia Image

H.H. Lamb (1959)

There was a secondary optimum of climate between 400 and 1200 A.D., the peak probably being 800–1000 A.D. This was on the whole a dry, warm period and apparently remarkably stormfree in the Atlantic and in the North Sea. It was the time of lowland settlement in the Saxon lands and of considerable flowering of Celtic and Northumbrian cultures. Missions from the Celtic Church in Ireland were sent as far as Africa and Iceland. It was also the time of great Viking voyages and the settlement of Iceland and Greenland. The early Norse burials in Greenland were deep in ground which is now permanently frozen. There were several visits to America (probably many timber-getting voyages between Greenland and Labrador) and there is evidence which suggests that at least one Viking ship got through the North-West Passage and ultimately reached the Gulf of California (*cf.* Ives 1953).

In Domesday Book (1085) 38 vineyards were recorded in England besides those of the king. The wine was considered almost equal with the French wine both in quantity and quality as far north as Gloucestershire and the Ledbury area of Herefordshire where the soil is said to resemble that of the Rhine and Moselle wine districts. The London basin, the Medway valley and the Isle of Ely were also favoured districts. The northernmost vineyards were near York but the most favoured country was from Northants and the Fenland southwards. This implies summer temperatures perhaps 1 to 2°C higher than today, general freedom from May frosts (particularly suggested by the exposure to the north of several low-lying vineyard sites, e.g. at Tewkesbury, in the Fens and at Teynham, Kent) and mostly good Septembers.

Vine growing only gradually declined in England and on the Continent. At one time (1128–1437) wine had been produced in East Prussia. Grapes grew even at Tilsit (55°N) in Lithuania and in south Norway as well as in southern England and as high as 780 m above sea level in the Black Forest. The highest vineyards in Germany today are about 560 m near the Boden Sea in Baden. The mediaeval English vineyards were almost all less than 100 m above sea level, though one exceptionally favoured height at about 200 m is suggested in Herefordshire. It is not to be supposed that the northernmost

그림 4-14: 중세 온난기 북위 55도까지 포도 재배 증거(1959년 발표)

5 https://metro.co.uk/2022/12/13/has-the-river-thames-ever-frozen-over-17927810/

1608년에 시작됐고 이후 계속되다가 1814년에 마지막으로 개최됐다. 그림 4-15는 1677년에 얼었던 템스강 풍경을 아브라함 혼디우스(Abraham Hondius)라는 화가가 그린 것으로 현재 런던 박물관(Museum of London)에 걸려 있다. 또 템스강의 결빙 기록(15세기 2회, 16세기 5회, 17세기 10회, 18세기 6회, 19세기 1회)도 소빙하기의 존재를 잘 보여주고 있다. 이는 가장 추운 시기가 1600년대였음을 확인시켜 준다.

그 외 유럽을 중심으로 수많은 역사적 기록이 중세 온난기와 소빙하기의 존재를 확인시켜 주고 있다. 이에 대해 하키스틱을 지지하는 자들은 중세 온난기와 소빙하기는 유럽이라는 지구의 일부 지역에서만 나타난 현상이라고 하며 전 지구적 현상은 아니라고 부인한다. 하지만 우리나라 조선왕조실록이 소빙하기에 관한 이 부인에 중요한 반증을 제공하고

그림 4-15: 런던 박물관에 전시된 그림, The Frozen Thames(1677)

있다. 이 시기 태양의 활동이 떨어져 곡식이 아물지 않았고 여름에도 눈이 내렸다는 기록이 조선왕조실록에 나와 있다. 그림 4-16은 실록에 나와 있는 기상 이변을 나타낸 것이다.[6]

특히 1670년과 1671년에 발생한 경신 대기근에는 당시 조선 인구 500만 중 20%에 달하는 약 100만 명이, 1695년과 1696년의 을병 대기근에는 약 140만 명이 사망했으며, 그 외에도 1626년과 1627년의 병정 대기근과 1653년과 1654년의 계갑 대기근 등이 기록으로 남아 있다. 15세기를 시작으로 19세기 중반까지 유럽의 기록과 거의 일치한다. 중세 온난기와 소빙하기가 지구의 기후 역사에 확실히 존재했다는 사실은 너무나 증빙 자료가 많아 누구도 부인할 수 없다. 이는 태양의 활동이 지구의 기온을 결정한다는 주장을 재차 확인시켜 주고 있다.

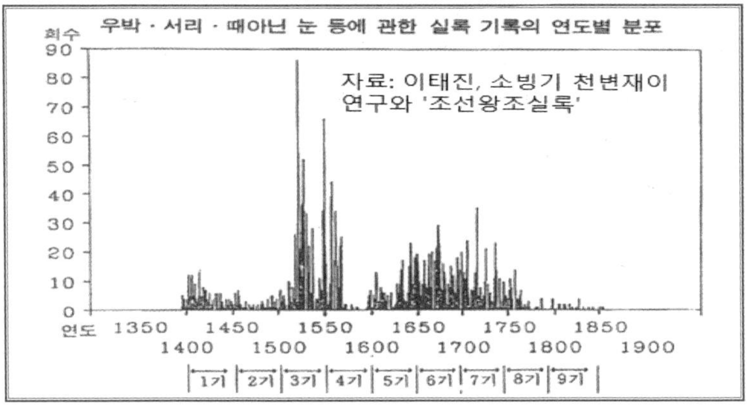

그림 4-16: 조선왕조실록의 소빙하기 기상 이변

6 이태진, 소빙기 천변재이 연구와 조선왕조실록, 1996년 역사학회

두 번의 기후 게이트

이산화탄소가 지구온난화의 원인이라는 주장에는 또 다른 문제점이 있었다. 제3장의 그림 3-7과 3-8(3장 74~75쪽)에 제시된 1960년대와 1970년대의 냉각화도 지구온난화 이론을 부정하기 때문이다. 특히 제2차 세계대전 이후 급속히 증가한 이산화탄소 배출 시기에 지구 냉각화란 있을 수가 없기 때문에 관측 데이터를 그림 4-17처럼 조작했다. 그래프를 조작하면서 주고받았던 이메일이 2009년 영국 이스트앵글리아대 기후연구소의 인터넷 서버가 헤킹 당해 언론에 폭로된 사건이 제1차 기후 게이트(Climategate)다. 조작의 주 내용은 냉각화 시기에 기온이 "내려간 것을 숨겨라(Hide the Decline)"라는 것이었다. 당시에 주고받았던 모든 이메일이 해킹당해 한 권의 책으로 나와 있다.[7]

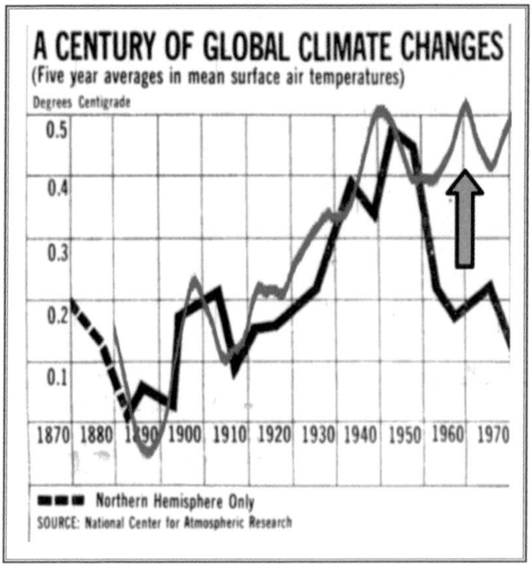

그림 4-17: 20세기 냉각화를 조작한 그래프

그림 4-18은 해킹

7 The Climategate Emails, John Costella, The Lavoisier Group, 2010

한 이메일 중 데이터 조작을 강력하게 시사하는 세 편이다. 첫째는 영국 이스트앵글리아대 기후연구소 소장 필 존스(Phil Jones)가 1999년 11월 16일 동료들에게 보낸 이메일로, 1961년 이후 냉각기를 숨기기 위해 기온 자료를 더했다는 사실과 1980년 이후 20년 동안 기온도 조작했음을 시사한다. 여기서 마이크(Mike)는 하키 스틱을 만든 마이클 만(Michael Mann)을 칭하는 것으로 하키 스틱 그래프에도 속임수를 썼음을 자백하는 것이나 다를 바가 없다. 이 시기는 마이클 만의 하키 스틱 논문이 출간됐고 여기에 기초하여 영국의 화학자 로버트 왓슨(Robert Watson)이 IPCC 의장을 맡아 2001년에 나올 제3차 보고서를 준비하는 중이었다.

둘째 이메일은 같은 연구소의 키스 브리파(Keith Briffa) 연구원이 2008년 6월 23일 동료들에게 보낸 이메일로 외부에서

UEA University of East Anglia

THE DAMNING EMAILS

UEA University of East Anglia

■ **From: Phil Jones, University of East Anglia**
Date: Tue, 16 Nov, 1999
I've just completed Mike's trick of adding in the real temps to each series for the last 20 years (ie from 1981 onwards) and from 1961 for Keith's to hide the decline.
(Refers to an attempt to reconcile the rise in global temperature since the 1960s, as recorded by scientific instruments, with an apparent cooling shown in a study of tree rings)

■ **From: Keith Briffa, UEA**
Date: Mon, Jun 23, 2008
I have been of the opinion right from the start of these freedom of information requests, that our private, inter-collegial discussion is just that - PRIVATE. Submitting to these 'demands' undermines the wider scientific expectation of personal confidentiality. It is for this reason, and not because we have or have not got anything to hide, that I believe none of us should submit to these 'requests'.
(In response to freedom of information requests on climate change)

■ **From: Kevin Trenberth, U.S. climate expert**
Date: Mon, 12 Oct, 2009
The fact is that we can't account for the lack of warming at the moment and it is a travesty that we can't.
(In an email debate over a BBC report on the apparent dip in global warming since 2001).

그림 4-18: 1차 기후게이트에서 해킹된 주요 이메일

정보 공개의 자유(Freedom of Information Request)를 주장하며 자료를 요청해도 절대로 주지 말라는 것이다. 셋째는 미국 국립대기연구센터(NCAR)의 케빈 트렌버스(Kevin Trenberth) 연구원이 2009년 10월 12일 동료들에게 보낸 이메일로 당시 지구온난화 중단에 관해 설명할 방법이 없다는 사실을 인정하고 그래서 조롱거리가 된다는 내용이다. 둘째와 셋째 이메일은 2007년에 4차 보고서가 나온 후에 주고받았던 것으로 지구온난화가 중단된 것은 이 시기에 중요한 이슈였다. 결국 요구하는 정보를 주지 않았기 때문에 2009년 11월 17일에 1,000여 통의 이메일이 해킹됐다.

영국에서는 이 사건을 계기로 지구온난화 정책재단(GWPF)이 설립됐고, 지금까지 IPCC 폐쇄를 주장하며 기후변화 진실을 알리기 위한 다양한 활동을 하고 있다(1장과 7장 참고).

또 한 번의 조작은 오바마 행정부의 국립해양대기청(NOAA)에서 있었고 이를 존 베이트(John Bates) 박사의 내부 고발로 언론에 나가게 되었다.[8] 그림 4-19는 이를 보도한 영국 『데일리 메일』 일요판 신문 기사 일부와 사건 개요를 보여주고 있다. 제2차 기후 게이트라 불리는 이 사건은 1997년 5월부터 2015년 12월까지 있었던 지구온난화 중단을 상승으로

8 https://www.dailymail.co.uk/sciencetech/article-4192182/World-leaders-duped-manipulated-global-warming-data.html

그림 4-19: 데이터 조작을 폭로한 신문 기사와 제2차 기후게이트 개요

바꾼 것이다. 2015년 파리기후변화협약을 앞두고 거의 18년이 넘도록 기온 상승이 없었다. 이 시기에 배출된 이산화탄소는 산업화 이후 총량의 25%가 넘었으며 2012년까지는 기온 하강 추세도 보였다. IPCC는 2013년 제5차 보고서에 온난화 중단을 넣었고 언론에도 보도됐다(그림 4-20).

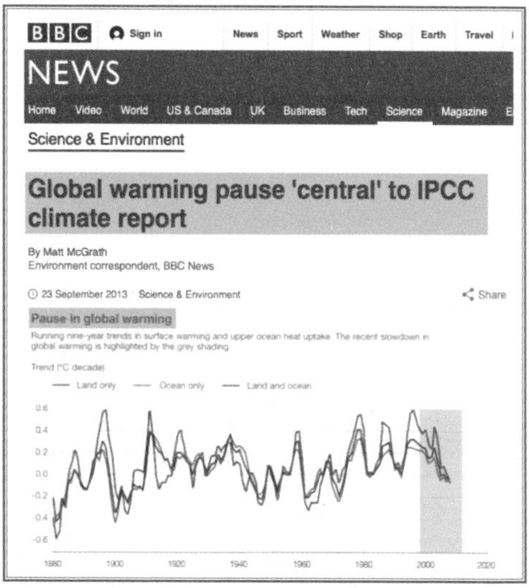

그림 4-20: 2013년 IPCC 5차 보고서의 중요한 부분이 온난화 중단이라는 영국 BBC 보도

수많은 과학자들이 하키 스틱의 부당함을 지적하고 2015년에는 『A Disgrace to the Profession(직업의 불명예)』라는 책으로도 출간했다. 또 이메일 해킹과 내부 고발로 밝혀진 두 번의 기후 게이트로 부패한 과학자들의 자료 조작과 거짓말이 언론에 폭로됐다.

하지만 정치조직이 되어버린 IPCC는 미동도 하지 않은 채, 제6차 보고서도 "하키 스틱"을 근거로 하여 화석연료 연소로 인한 이산화탄소 배출이 기후 대재앙을 불러올 것이라며 우리를 기후 공포에 떨게 하고 사회주의 세계화에 앞장서고 있다.

거짓과 위선으로 받은 노벨평화상

1980년에 들어와 관찰되기 시작한 지구온난화가 지금의 기후 종말론으로 전 세계에 퍼져나가도록 하는데 가장 큰 역할을 한 것은 앨 고어의 저서와 다큐멘터리 영화 『불편한 진실』과 그로 인해 IPCC와 공동 수상한 노벨평화상이다(그림 4-21). 하지만 이 둘의 이면에는 부끄러운 위선과 거짓이 숨어 있다.

그림 4-21: 앨 고어와 파차우리의 노벨평화상 수상

먼저 노벨평화상의 수상 공적이 된 IPCC 3차(2001)와 4차(2007)

보고서는 인간이 지구의 기후를 변화시켰음을 조작하기 위하여 중세 온난기와 소빙하기를 삭제한 하키 스틱을 기초로 하고 있다. 당시 IPCC 의장은 인도 철도 엔지니어 라젠드라 파차우리(Rajendra Pachauri)였다. 그는 2008년 우리나라를 방문하여 "인간이 기후변화를 일으켰다는 것은 의심할 여지가 없는 과학적 진실이며, 지구는 제4차 보고서가 제시한 시나리오 중에서 최악의 상태로 가고 있다."라고 하면서 육식을 줄이고 건물의 에너지 효율화를 강조했다.

하지만 그가 이끌었던 제4차 보고서에는 세계를 우롱하는 거짓이 기술되어 있었고 이는 히말라야 빙하 게이트로 이어졌다. 그 보고서는 지구온난화로 히말라야 빙하가 2035년까지 다 녹을 것이며 이는 아시아인 20억 명의 생명수를 위협할 것이라 했다. 파차우리는 이것을 이용하여 2009년 거액(약 52억 7천만 원)에 달하는 연구비를 자신이 운영하는 인도의 연구소(TERI: The Energy and Resources Institute)로 받았다. 후에 IPCC는 히말라야 빙하가 2035년까지 다 녹는다고 한 기술은 거짓이고 2530년의 오타였다고 해명했다. 이 사건이 히말라야 빙하 게이트(Himalayan Glaciergate)다. 그림 4-22의 위는 IPCC가 실수(Mistake)를 인정했음을 보도한 영국 BBC 자료다. 오타로 전 세계인에게 기후 공포를 불러일으키고 수십억에 달하는 연구비를 자신의 연구소로 챙겨가는 것이 IPCC가 내놓는 보고서 수준이다. 그는 2013년에 자신의 연구소 29세 여직원을 성추행하여(그림 4-22 아래) 결국 2015년 IPCC

그림 4-22: 히말라야 빙하 게이트 인정과 성추행 혐의 처분

의장을 사임했으며 2020년 사망했다.

앨 고어가 2006년에 만든 『불편한 진실(An Inconvenient Truth)』은 전 세계를 속인 대사기극임을 관련 과학자들은 알고 있다. 그는 남극대륙 보스토크 빙핵에서 밝혀진 지구 기온과 대기 이산화탄소 농도 변화 그래프 그림 4-23을 사용하면서 과학적으로 명백한 거짓말을 했다. 이 그래프는 지난 40만 년 동안 있었던 네 번의 빙기와 세 번의 간빙기를 뚜렷이 보여주고 있다. 그리고 세 번의 간빙기(Eemian, La Bouchet,

Purfleet) 모두 지금 우리가 살아가는 간빙기(홀로세)보다 기온이 높았다는 것을 분명하게 보여주며 IPCC 1차 보고서에 제시되어 있다(4장 106쪽 그림 4-10 참고).

앨 고어는 이 그래프로 이산화탄소가 기온을 상승시키는 요인인 것처럼 보여주면서 과거 65만 년 동안 지금보다 이산화탄소가 높은 적이 없었다며 임박한 대재앙을 선동했다.[9] 하지만 이는 다음 두 가지로 세계를 속인 거대한 사기극이 되고 말았다. 첫째는 지난 세 번의 간빙기는 지금보다 이산화탄소가 낮았지만, 기온은 높았다는 과학적 증거다. 특히 직전 간빙기인 에미안(Eemian) 온난기는 지금보다 8℃나 높았다. 이는 기온 상승 요인이 이산화탄소가 아닌 다른 무엇(지구의 공전궤도, 지축의 기울기, 태양의 활동 등)이라는 명백한 증거다. 둘째

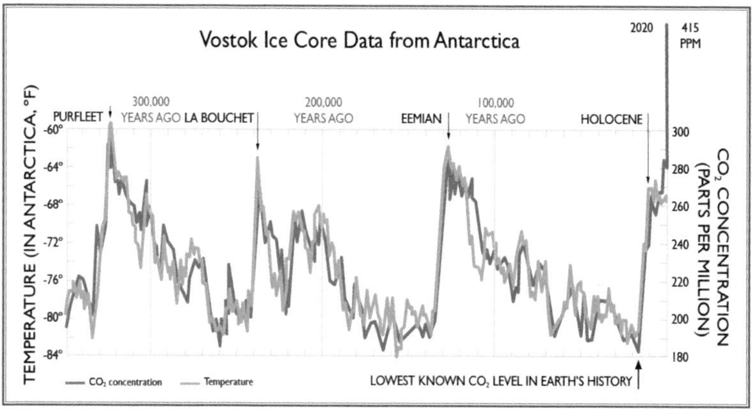

그림 4-23: 남극대륙 보스토크 기지에서 관측된 기온과 이산화탄소 농도

9 Al Gore, An Inconvenient Truth, YouTube, May 23, 2012. https://www.youtube.com/ watch?v=8ZUoYGAI5i0.

는 기온 상승이 먼저 일어나고 일정 기간 지난 후 이산화탄소 상승이 이어졌다는 사실이다. 이것은 『불편한 진실』이 나오기 이미 2003년 전에 학술 논문으로 밝혀져 있었다.[10]

그림 4-24는 직전 간빙기(에미안 온난기)를 포함하는 15만 년 전부터 10만 년 전까지 기온과 이산화탄소의 변화로 이 현상을 뚜렷하게 보여주고 있다. 지구의 기온이 빙기와 간빙기를 반복하면서 8~10℃를 오르내리게 되고 대기 이산화탄소가 시차를 두고 기온을 뒤따르며 100ppm 정도 상승·하강하는 이유도 바닷물에 녹아있는 이산화탄소가 수온 변화로 인한 방출이라는 사실이 과학적으로 밝혀져 있다.

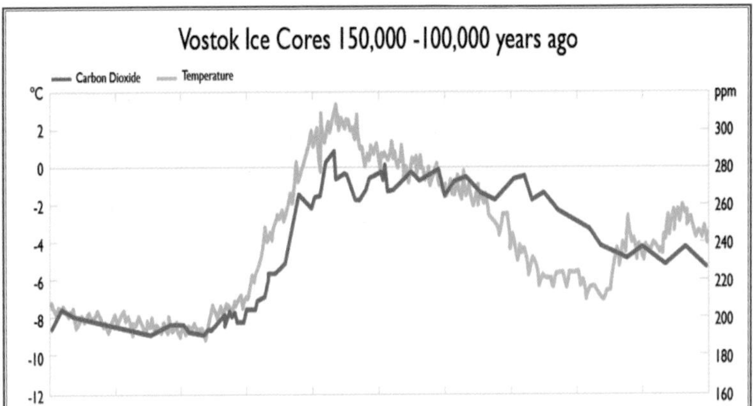

그림 4-24: 남극대륙 보스토크 빙핵에서 나온 기온과 이산화탄소 변화

10 Timing of Atmospheric CO2 and Antarctic Temperature Changes Across Termination III, Caillon, et al. Science, 2003, DOI: 10.1126/science.1078758

세계인의 조롱거리가 될 기후 종말론

자유민주주의 시장경제가 가져온 급속한 산업화와 인구 증가를 혐오해온 환경 비관론자들이 에너지 대전환을 추구하는 뜻밖의 동지를 만나면서 기후 종말론이 만들어졌다. 여기에 세계 각국의 산업 활동과 개인 생활을 통제해야 지속가능한 지구와 인류의 미래가 보장된다며 강력한 국제기구의 권력을 원하는 유엔이 합세하게 됐다.

하지만 기후 종말론에는 수많은 과학적 오류가 있다. 인간의 산업 문명이 어떻게든 지구의 기후를 변화시켰고 그 결과는 대재앙으로 돌아온다는 이론을 만들기 위해 지구의 기후 역사와 관측 데이터를 조작하고 자의적 수정 구슬과 같은 기후 모델을 만들어 미래의 기후를 예측했다(6장 179쪽 참고). 또 측정 불가 수준의 극히 미약한 온실효과를 가진 생명의 물질 이산화탄소를 지구를 불태우는 악마의 물질로 만들었다.

이 과정에는 많은 과학자들의 반발도 있었다. 대표적인 사례로 2020년에는 IPCC에 참여했던 과학자들 46명의 내부 고발이 실명과 함께 공개되기도 했다.[11] 참여 과학자들 대부분이 인간에 의한 지구온난화에 동의하지 않았지만 모두 동의했다고 조작했고, IPCC의 연구 결과로 나오는 보고서마다 일관되게 잘못 알려졌거나 정치화되었음을 폭로하고 있다.

---

11 https://climatism.wordpress.com/2020/03/07/46-statements-by-ipcc-experts-against-the-ipcc/

기후과학이 대중 충격 언론용 사이비 과학으로 변질되고 IPCC가 부패한 과학자로 정치화되면서 기후 종말론은 마침내 완성됐다. 가장 충격적인 결론은 2023년 3월 20일에 발표된 제6차 유엔 기후평가 종합보고서에서 모습을 드러냈다(그림 4-25). 온실가스 배출이 늦어도 2025년까지 줄어들지 않으면 인류는 영원한 회복 불가의 기후 대재앙을 맞이하게 된다는 것이다. 지금도 세계 인구는 매년 8천만 명 이상 증가하고 개발도상국과 저개발국의 에너지 사용이 급증하고 있는 것을 고려할 때 2025년까지 온실가스 배출이 줄어드는 것은 절대로 불가능하다. 유엔 6차 기후평가 보고서의 결론은 기후 대재앙은 분명히 온다는 것이나 다름없다.

그런데 2023년 7월 IPCC 신임 의장이 된 짐 스키(Jim Skea) 영국 임페리얼 칼리지 교수는 6차 보고서의 대재앙 예측을 일축하고 있다.[12] 그는 "지구의 기온 상승이 2015년 파리기후변화협약 목표인 산업화 이전보다 1.5℃ 이상 올라도 인류의 실존적 위협은 아니다(The world warming 1.5℃ above pre-industrial levels,

그림 4-25: 유엔 6차 기후평가 보고서 국내 언론 보도

12 Ignore the doom-mongers, says new UN climate change chief, https://www.telegraph.co.uk/news/2023/07/31/

to which the 2015 Paris Agreement pledged to limit global temperature rises, is not an existential threat to humanity).”라고 말했다.

그림 4-26: 신임 IPCC 의장 짐 스키 교수와 GWPF 메시지

이에 대해 영국의 지구온난화 정책재단(GWPF)은 “신임 IPCC 의장이 잘못된 기후위기 경고에 반발하는 것이 옳다(New IPCC chairman is right to rebuke misleading climate alarm).”라며 환영의 뜻을 표했다(그림 4-26).[13] GWPF는 유럽을 비롯한 대부분 국가가 유엔의 기후 정책을 받아들이지 않고 있다는 세계 정치 기류를 신임 IPCC 의장이 알아차린 것 같다고 했다.

과학적 모순, 자료 조작, 거짓 선동, 두 번의 기후 게이트, 히말라야 빙하 게이트, 엉터리 기후 모델 등으로 얼룩진 “유엔의 섬뜩한 기후 종말론”은 단 몇 개월 만에 세계인의 조롱거리가 될 조짐이 내부에서 나타나기 시작했다.

---

13 New IPCC chairman is right to rebuke misleading climate alarm https://www.windkraft-journal.de/2023/07/31/

Humanity faces a difficult truth:
climate change is making our planet
uninhabitable. We are in the fight
of our lives, and we are losing.
We are on a highway to climate hell
with our foot still on the accelerator.
Humanity has a choice, co-operate or
perish. It is either a climate solidarity
pact or a collective suicide pact.

Antonio Guterres

제5장

기적의 생명 물질 이산화탄소

인류는 기후변화로 거주 불능 지구가
되고 있다는 힘든 진실과 마주하고 있다.
우리는 생존을 걸고 싸우고 있지만
패배하고 있다. 우리는 여전히 고속도로
위에서 가속 페달을 밟은 채로 기후 지옥으로
향하고 있다. 인류에게는 "함께 협력할 것인가
아니면 다 같이 망할 것인가"라는 선택권이
주어졌다. 그것은 곧 "기후 연대 협약인가
아니면 집단 자살 협약인가"와 같다.

안토니우 구테흐스(Antonio Guterres),
유엔사무총장

제5장
기적의 생명 물질 이산화탄소

환경 종말론은 급증하는 인구에 환경 오염과 지구 냉각화가 더해지고 식량 부족과 자원 고갈이 임박했다는 환경 비관론자들의 경고로 시작됐다. 반면에 기후 종말론은 지구온난화와 이산화탄소 증가를 이유로 만들어졌다. 두 종말론의 뿌리는 모두 산업 문명과 인구 증가에 있다. 환경 종말론은 터무니없는 거짓말로 이미 밝혀졌지만 기후 종말론은 현재 점점 공포의 정도를 더해가고 있다. 그렇다면 인간이 배출한 이산화탄소가 정말로 지구를 불덩어리로 만들 수 있는지 알아보자.

이산화탄소의 두 역할

지구 대기에 "백만분의 일(ppm)"로 측정해야 할 정도의 초미량 가스로 존재하는 이산화탄소는 두 가지 아주 중요한 역할을 한다. 하나는 식물의 광합성 원료가 되어 지구의 모든 생명체가 살아가게 하는 것이고, 다른 하나는 태양 에너지를 잠시 붙잡아 두는 온실효과를 일으켜 지구를 따뜻하게 하는 것이다. 지구에서 가장 풍부한 물질인 물도 이 두 가지 역할을 하고 있다. 그래서 이산화탄소와 물은 지구의 보온과 생명체를 수호하는 쌍둥이 형제로 알려져 있다.

차이가 있다면 지구의 보온에는 물이, 그리고 생명체 수호에는 이산화탄소가 결정적 역할을 한다는 사실이다. 이는 지구 생명체를 결정하는 것은 물이 아니라 이산화탄소라는 의미다. 이유는 물은 자연계에 풍부하게 존재하는 반면 이산화탄소는 초미량이기 때문이다. 두 물질에 의해 이루어지는 광합성의 총량은 이산화탄소가 좌우한다. 이는 곧 이산화탄소가 증가한다는 것은 지구 생명체가 풍부해진다는 것을 의미한다. 그래서 우리는 이산화탄소를 기적의 생명 물질로 부른다. 대신 물은 기적의 보온 물질 또는 기적의 기온 조절 물질로 불릴 만큼 놀라운 능력을 보여주고 있다(6장 참고).

지구 대류권에서 수증기를 제외한 건조한 대기의 구성 성분을 보면, 대부분(99%)은 질소(78%)와 산소(21%)이고 아르곤(0.9%)이 미량 가스로 존재한다. 그다음으로 이산화탄소(0.04%)와 거의 무시할 수 있는 양의 네온, 헬륨, 메탄, 크립톤이 있다(그림 5-1).[1] 이산화탄소 총량의 96.8%는 자연 생태계에

1 501_Oceanography and Climatology Unit-5 Structure and Chemical Composition of Atmosphere.

의해, 3.2%는 인간에 의해 만들어졌으며, 매 10년에 약 10만 분의 1 정도의 극소량씩 증가하는 것으로 관측된다. 2023년 기준 424ppm을 나타내고 있다. 메탄가스(CH_4)와 아산화질소(N_2O)도 ppb(10억 분의 1) 단위로 극미량씩 증가하고 있으나 두 물질은 대기에서 시간이 지나면서 광화학 반응으로 각각 이산화탄소와 물($CH_4 + 2O_2 \rightarrow CO_2 + H_2O$), 그리고 온실효과가 없는 질소와 산소($2N_2O + O_2 \rightarrow 2N_2 + 2O_2$)로 변한다.[2,3] 프레온 가스와 같은 합성 불화물질도 온실효과가 있으나 현재 오존층 파괴로 인한 사용 중단으로 대기에서 줄어들고 있기 때문에 인

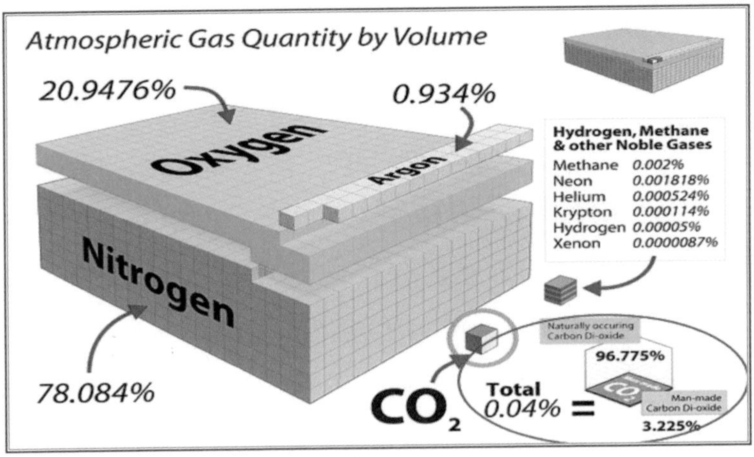

그림 5-1: 대기 구성 성분과 인간에 의한 이산화탄소

2 Methane and Climate, W. Wijngaarden & W. Happer, CO2 Coalition, 2021 https://co2coalition.org/wp-content/uploads/2021/08/Methane-and-Climate.pdf

3 Nitrous Oxide and Climate, C.A. de Lange et al, CO2 Coalition, 2022 https://co2coalition.org/wp-content/uploads/2022/11/Nitrous-Oxide-and-Climate.pdf

간에 의한 지구온난화 주요 대상 물질은 이산화탄소다.

주목할 것은 이산화탄소가 극소량씩 증가하는 현상이 지구 생태계와 인류 번영에 축복이라는 낙관론자들이 있는 반면에 기후 위기와 임박한 대재앙의 주범이라는 비관론자들이 있다는 사실이다. 마치 지난 1970년대 환경 낙관론자들과 비관론자들이 대립했던 모양새다.

> 과거나 지금이나 비관론자들은 가짜 재앙으로 공포를 조성하고 해법으로 산업 문명의 대전환을 내놓는다. 그리고 그 이면에는 급속한 산업화를 가져온 자유민주주의 시장경제를 혐오하는 사회주의 계획경제 이념이 뿌리내려 있다.

지구를 덥히는 온실효과

먼저 이산화탄소 증가가 지구를 덥게 하여 기후 대재앙을 가져온다는 비관론자들의 주장을 살펴보자. 대기에서 가장 흔한 가스인 질소(78%)와 산소(21%)는 온실효과가 없다. 두 가스는 대기에 열을 가두어 지구를 따뜻하게 하지 않는다는 의미다. 실제로 주된 온실가스는 대기 수증기임을 그림 5-2에서 확인할 수 있다.[4] 지구 온실효과의 약 95%는 대기 수증기

4 https://www.geocraft.com

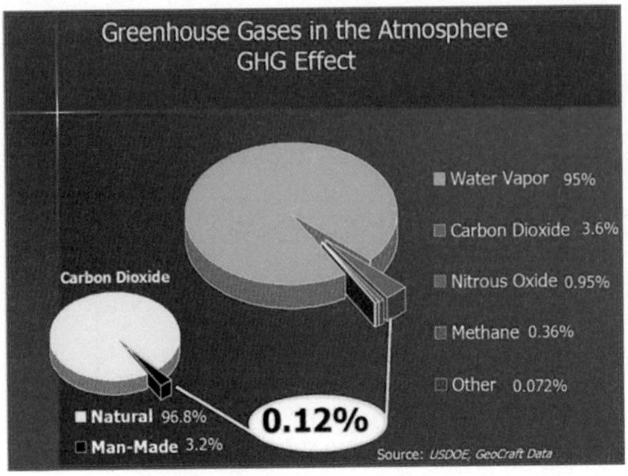

그림 5-2: 주요 온실가스와
인간에 의한 이산화탄소의 온실효과

에 의해 일어나고, 이산화탄소는 3.6%, 메탄을 비롯한 나머지 가스들이 1.4%를 차지한다. 실제로 인간에 의한 이산화탄소로 인한 온실효과는 0.12%(0.036 X 0.032)에 불과하다.

수증기가 가장 큰 온실효과를 나타내기 때문에, 적은 양이 증가하더라도 다른 온실가스보다 지구 기온에 훨씬 더 큰 영향을 미치게 된다. 이 현상은 지구 표면 기온(상)과 해수면 수온(하)을 나타내는 그림 5-3이 잘 보여주고 있다. 20세기 전반부와 후반부에 있었던 기온 상승과 1960대와 1970년대의 냉각기는 해수면 수온과 유사한 경향을 보임을 그림에서 확인할 수 있다. 태양의 활동과 그로 인해 바다가 더워지면서 증발한 수증기가 온실효과를 높여 기온 상승이 일어난 것이다. 20세기 전반부에 상당한 기온 상승이 있었지만 제2차 세계대전 이전까지 인간의 화석연료 사용은 극히 제한적이었다.

이는 곧 지난 20세기 기온 상승의 원인이 인간의 화석연료 사용에서 배출된 이산화탄소가 아님을 분명하게 보여준다. 그림 5-2는 인간이 배출한 이산화탄소는 기온 상승에 영향을 줄

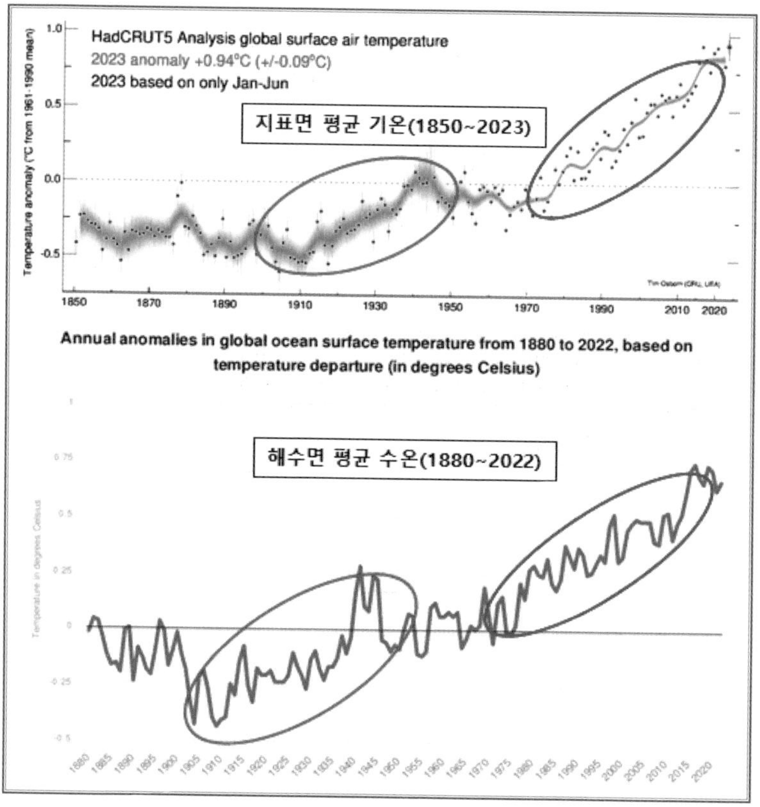

5-3: 산업화 이후 지표면 기온과 해수면 수온 변화

수 없음을 나타내고, 그림 5-3은 영향을 주지 않았음을 관측 자료로 증명해주고 있다.

이산화탄소의 온실효과에서 주목해야 할 다른 하나는 농도가 증가하면서 급속한 체감현상을 보인다는 사실이다(그림 5-4). 지금과 같은 속도(연간 약 1.5~2ppm)로 증가할 경우 약 60~80년 뒤에 산업혁명 이전의 두 배(540ppm)에 도달하더라

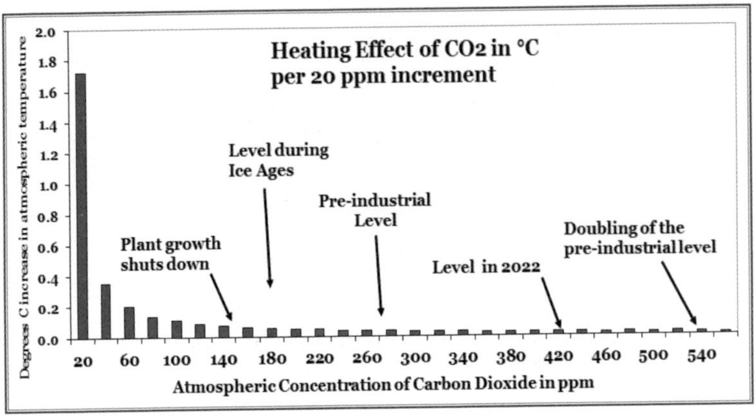

그림 5-4: 이산화탄소의 온실효과 체감현상

도 온실효과는 극히 미미한 증가를 보일 뿐이다. 이유는 이산화탄소의 적외선 흡수 파장이 대기 수증기와 겹치기 때문이다.[5] 그림 5-4에서 볼 수 있듯이 식물의 생존 한계 농도 150ppm에서부터, 2만 년 전 최후 빙기(Last Glacial Period) 때의 최저 농도 182ppm, 산업혁명' 이전의 280ppm, 그리고 2022년의 420ppm에 이르기까지 온실효과는 크게 증가하지 않았다.

이산화탄소는 온실가스이지만 초미량에 체감현상이 나타나기 때문에 지금과 같이 증가해도 기온 상승에는 아무런 영향을 줄 수 없음을 그림 5-2, 5-3, 5-4를 통해 확인할 수 있었다. 6장에서 기후과학 이론으로 이를 살펴보고, 여기서는 기후 역사에서 관측된 7가지 사례로 이산화탄소는 지구 기온

5 Infrared Forcing by Greenhouse Gases, Wijngaarden and Happer, https://co2coalition.org/wp-content/uploads/2022/03/

과 무관함을 다시 한 번 확인해보자.

첫째는 그림 5-5에서 ①로 표시된 1960년대와 1970년대의 냉각화 현상이다. 제2차 세계대전 이후 급속히 증가한 이산화탄소 배출 시기에 지구 냉각화란 있을 수가 없다. 이산화탄소가 지구의 기온 상승을 일으키지 않았음을 분명하게 보여주고 있다.

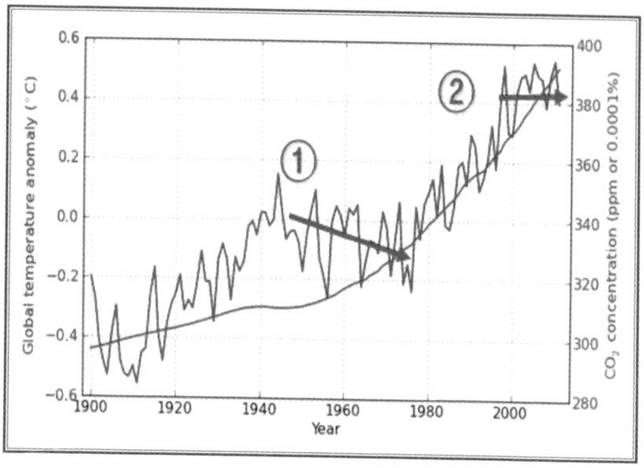

그림 5-5: 대기 이산화탄소 농도와 지구 평균 기온 변화(1900년 이후)

둘째는 그림 5-5에서 ②로 표시된 1997년 5월부터 2015년 12월까지 있었던 지구온난화 중단 현상이다. 이 시기에 배출된 이산화탄소는 산업화 이후 총량의 25%가 넘었으며 2012년까지는 기온 하강 추세도 보였다. 이산화탄소가 지구의 기온을 상승시킬 수 있다면 나타날 수 없는 현상이다.

이 두 사례는 지구온난화 이론에 치명적이기 때문에 데이터를 조작했다. 그리고 그 조작이 밝혀진 사건이 기후 게이트 1차와 2차였으며 제4장에서 이미 설명한 바가 있다.

셋째는 그림 5-6에 제시한 지난 1850년 이후 지금까지 나타난 기온 상승 패턴이다. 이 시기의 대기 이산화탄소 농도

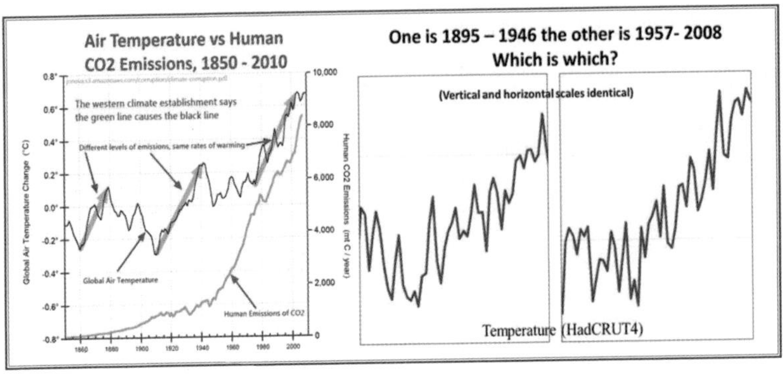

그림 5-6: 기온 상승 패턴과 이산화탄소, 20세기 전반기와 후반기

는 꾸준히 증가해왔지만, 온실효과 증가는 거의 없었기 때문에, 지구 기온은 온난화와 냉각화를 반복할 수 있었다. 그림의 왼쪽 그래프는 산업화로 1850년부터 이산화탄소 배출량이 증가해오는 과정에서 세 번의 냉각화와 세 번의 온난화 현상이 나타나고 있다. 이산화탄소 배출량은 1945년 제2차 세계대전 이후 급속히 늘어났지만, 지구의 기온 변화는 이와는 전혀 무관하게 일어나고 있다. 세 번의 온난화 기간에 일어나는 상승 속도는 모두 동일하다. 오른쪽 그래프에 있는 온난화가 일어나는 두 시기의 매우 유사한 기온 상승 패턴에도 주목할 필요가 있다. 이 시기의 이산화탄소 농도를 보면 1895년부터 1946년까지는 310ppm이하에 머물러 있었고, 1957년부터 2008년까지는 315ppm에서 385ppm으로 급상승했다. 만약 이산화탄소의 온실효과가 지구의 기온을 상승시켰다면 동일한 상승 패턴은 나타날 수가 없다.

넷째는 그림 5-7에 제시한 인류가 정착 생활을 했던 홀로

세(Holocene) 간빙기에서 나타난 현상이다. 지금부터 8,000년 전 260ppm이었던 이산화탄소는 280ppm으로 증가했지만 기온은 2℃ 정도 떨어졌음을 확인할 수 있다. 이는 이산화탄소의 증가가 기온 상승을 가져올 수 없음을 보여준 증거다. 기온과 이산화탄소 농도는 각각 그린란드와 남극대륙의 빙핵에서 밝혀진 자료다.

다섯째는 그림 5-7에서 다시 한번 확인할 수 있다. 기온 변화를 보면 10여 차례 오르내리고 있다. 만약 이산화탄소가 지구의 기온을 상승시켰다면 기온은 오르내리지 못하고 지구는 불타버렸을 것이다. 왜냐하면 기온이 상승하면 바다가 더워져 물에 녹아있던 이산화탄소가 대기로 방출하게 되어 다시 온실효과를 일으킬 것이다. 이 현상이 끝까지 계속돼

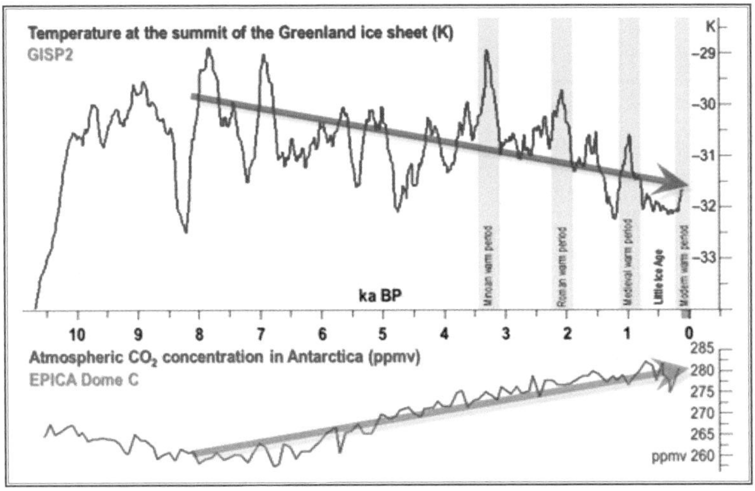

그림 5-7: 지구 기온과 이산화탄소 변화, 11,000년 전까지

결국 지구는 불타버린다는 것이다. 기온과 수온 상승, 그리고 이산화탄소의 용해도와 온실효과를 따져 보면 이산화탄소 농도가 계속 상승하는 시기에 기온이 상승과 하락을 반복하는 현상은 불가능한 일이다.

여섯째는 고기후학(고생대, 중생대, 신생대)에서 밝혀진 지구의 기후 상태에서 확인할 수 있다. 그림 5-8은 깊은 바다의 퇴적물을 채취하여 5억 7천만 년 전까지 지구의 기온과 이산화탄소 농도를 밝혀낸 것이다. 그림에서 보듯이 지구의 기온과 이산화탄소 농도는 전혀 상관성이 없음이 분명하게 입증되고 있다. 주목할 점은 과거 높았던 이산화탄소 농도는 계속 줄어들고 있고 지구의 기온 역시 대부분의 시기가 지금보다 높았다는 사실이다. 다시 말하면 지금은 지구의 기후 역사에서 추운 시기이자 이산화탄소가 낮은 시기다.

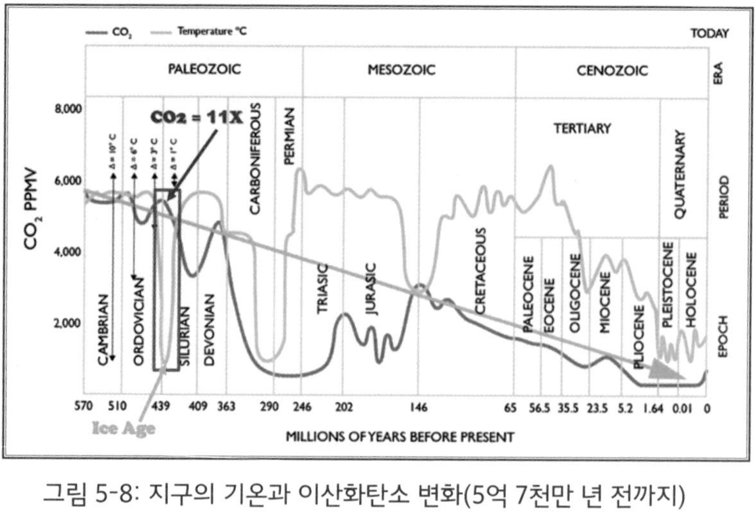

그림 5-8: 지구의 기온과 이산화탄소 변화(5억 7천만 년 전까지)

일곱째는 그림 5-8에서 다시 한번 확인할 수 있다. 지구는 지금부터 4억 5천만 년 전에 빙하기에 돌입하여 4억 3천 9백만 년경에는 지구 역사상 가장 추운 시기에 이르렀다. 하지만 당시의 이산화탄소 농도는 지금보다 11배나 높았다. 만약 이산화탄소가 지구의 기온을 상승시킨다면 당시의 빙하기는 기후 역사상 존재하지 않았을 것이다.

지금까지 설명한 일곱 가지 사례는 이산화탄소의 미미한 온실효과는 지구 기후에 아무런 영향을 줄 수 없음을 분명하게 확인시켜 준다.

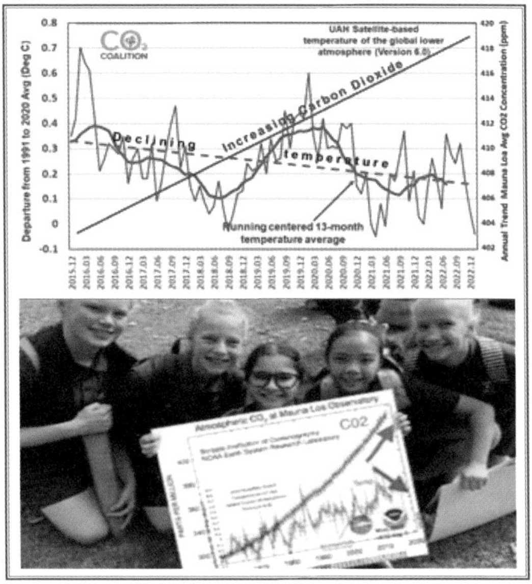

그림 5-9: 이산화탄소와 지구 기온은 무관함을 알리는 미국 어린이들

이 명백한 증거 자료가 있지만 계속되는 언론과 유엔의 선동으로 진짜 기후과학을 모르는 일반인들은 여전히 이산화탄소가 지구를 불덩어리로 만들 것이라고 세뇌되어 있다. 그래서 미국에서는 그림 5-9와 같은 환경교육에 나서고 있다. 이산화탄소는 증가하

고 있지만 지구의 기온은 지난 2015년 1월부터 2022년 12월까지 떨어지고 있다는 위성 관측 자료를 어린이들이 보여주고 있다.

지구 녹색화와 식량 생산 증가

반면에 이산화탄소가 증가하는 현상이 지구 생태계와 인류 번영에 축복이 되고 있음을 증명하는 수많은 관측 자료와 과학적 사실이 있다.[6] 이 주장이 처음 제기된 것은 1999년에 있었던 미국의 오리건 청원(Oregon Petition)이다. 미국 과학자 31,000여 명이 1997년에 IPCC가 채택한 교토의정서에 대한 비준 거부를 청원하면서 인간이 배출한 온실가스가 지구 온난화를 유발했다는 증거는 없으며 지구 생태계에 좋은 효과를 주는 수많은 증거가 있다고 공식 발표했다.

이산화탄소 증가로 지구가 녹색화되고 있다고 발표한 최초의 과학기관은 2013년 호주 연방과학산업연구기구(CSIRO)였다.[7] 이후 8개국 국제 연구팀이 미국 우주항공국(NASA)과 국립해양대기청(NOAA)의 위성 영상 분석 지원을 받아 수행한

---

6 The Positive Impact of Human CO_2 Emissions on the Survival of Life on Earth, Patrick Moore 2016, https://fcpp.org/wp-content/

7 Deserts 'greening' from rising CO2, Andrew Wright, CSIRO, July 3, 2013. https://csiropedia.csiro.au/ deserts-greening-from-rising-co2/.

연구에서도 같은 현상이 확인됐다(그림 5-10).[8] NASA는 그림 5-10에 관해 다음과 같이 설명하고 있다. "2016년 4월 25일에 발표된 『Nature Climate Change』 학술지에 따르면, 지난 35년 동안 지구의 육지 식생 지대 25%에서 50%에 이르는 범위에서 초목의 잎 면적이 증가한 녹색화를 보였는데 이는 주로 대기 이산화탄소 농도 상승의 영향으로 일어난 것으로 판단된다." 이 기간 녹색화 면적은 미국 본토(하와이와 알래스카를 제외한)의 두 배에 달한다.

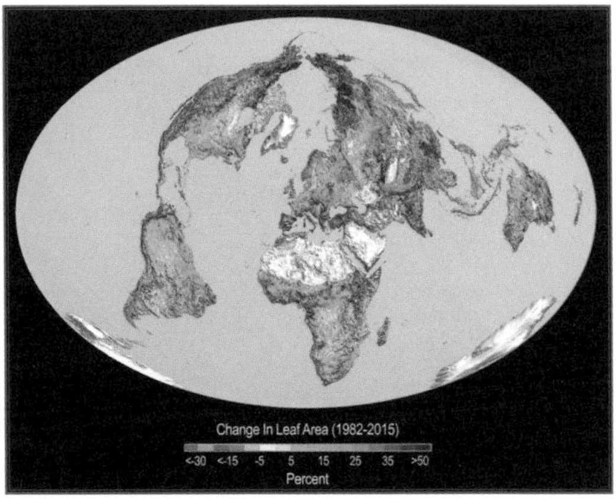

그림 5-10: 지구의 녹색화(1982-2015)

2020년에 발표된 호주 CSIRO 연구는 인간에 의해 대기에 증가한 이산화탄소는 이전 추정치의 거의 두 배인 31±4%가량 바이오매스를 전 세계적으로 증가시켰다고 결론지었다.[9] 또 NASA는 21세기 동안 가장 인구가 많은 개발도상국 중국

8 Carbon Dioxide Fertilization Greening Earth, Study Finds, Sampson Reiny, NASA, March 27, 2019. https://www.nasa.gov/feature/goddard/2016/carbon-dioxide-fertilization-greening-earth.

9 Higher than expected CO2 fertilization inferred from leaf to global observations, Vanessa et al., Global Change Biology, February 24, 2020. https://onlinelibrary.wiley.com/doi/full/10.1111/ gcb.14950.

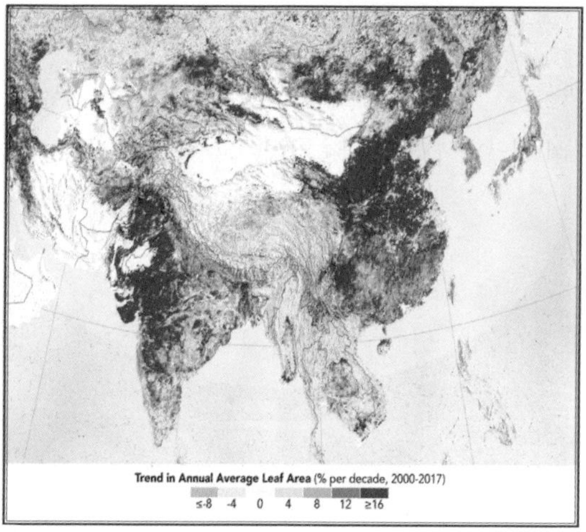

그림 5-11: 아시아 지역의 녹화 현상(2000~2017)

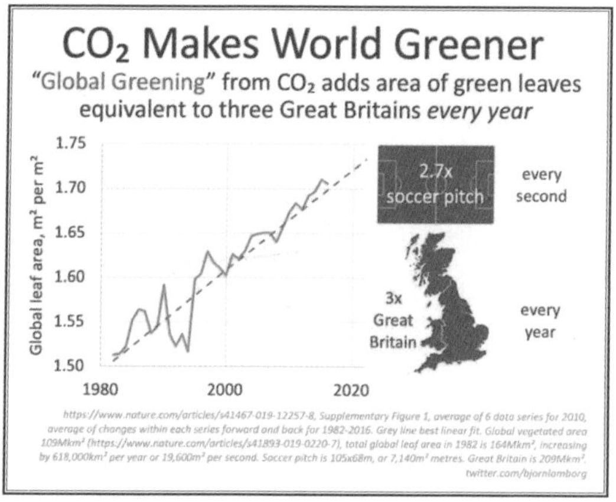

그림 5-12: 이산화탄소 증가에 따른 녹화 면적 증가율

과 인도에서도 뚜렷한 녹화가 관찰됐다는 발표를 2019년에 했다(그림 5-11).[10]

노르웨이 언론도 2020년에 북극 가까이 위치한 스발바르 제도도 녹음이 30% 증가했음을 보도했다.[11] 지금까지 관측된 자료에 따르면 지구에는 증가하는 이산화탄소로 인해 초당 축구장 2.7개 정도, 연간 영국 그레이트 브리튼 3개 면적만큼 푸르게 변화하는 것으로 확인됐다(그림 5-12).

이산화탄소가 증가하면 지구의 식생 지대가 늘어나는 과학적 원리도 밝혀졌

10 https://earthobservatory.nasa.gov/images/144540/china-and-india-lead-the-way-in-greening

11 The Barents Observer: 2020년 2월 7일 노르웨이 온라인 매체.

다.[12] 식물은 기공을 통하여 대기로부터 이산화탄소를 흡수하고 산소를 배출한다(그림 5-13). 이때 식물의 수분이 대기로 빠져나가는 증산 작용도 함께 일어난다. 대기에 이산화탄소가 높은 농도로 있으면 식물은 짧은 시간 동안 기공을 열어도 충분한 양을 흡입할 수 있기 때문에 증산 작용으로 배출되는 수분이 줄어든다. 또 식물은 성장 과정에서 잎에 적은 수의 기공을 갖게 된다. 그래서 식물의 물 사용 효율이 향상된다. 또 식물은 잎의 기공 수가 적어지고 개폐 시간이 짧아지면 질병에도 강해진다. 그림 5-13의 오른쪽 사진은 40년 동안 증가한 이산화탄소로 호주의 건조 지대가 녹화된 것을

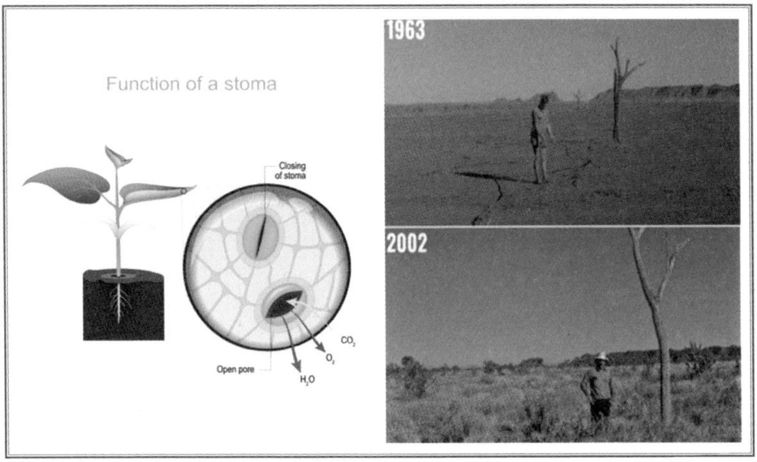

그림 5-13: 식물 잎의 기공 역할과 이산화탄소 증가로 변화된 건조 지대

12 Elevated CO2 increases soil moisture and enhances plant water relations in a long-term field study in semi-arid shortgrass steppe of Colorado, Nelson et al, Plant and Soil, 2004
https://link.springer.com/article/10.1023/B:PLSO.0000020957.83641.62

보여준다.

이산화탄소 증가로 지구가 더욱 푸르게 변하는 현상을 지질학자들은 지구의 역사로 설명하고 있다. 그림 5-14는 지구 역사 6억 년 전부터 현재까지 이산화탄소 농도 변화를 보여주고 있다. 생물종이 폭발적으로 늘어난 캄브리아기(Cambrian period)에 8,000ppm까지 갔던 이산화탄소 농도가 점점 줄어들어 석탄기(Carboniferous period) 말에는 500ppm으로 떨어졌다. 이유는 수억 년 동안 엄청난 식물이 이산화탄소를 소비하며 성장하여 땅속에 묻혔기 때문이다. 그리고 당시에는 목재 성분 리그닌을 분해할 수 있는 곰팡이가 없었기 때문에 지금 우리가 사용하는 석탄이 된 것이다. 석탄기 말에 리그닌을 분해할 수 있는 곰팡이가 번성하면서 대기 이산화탄소

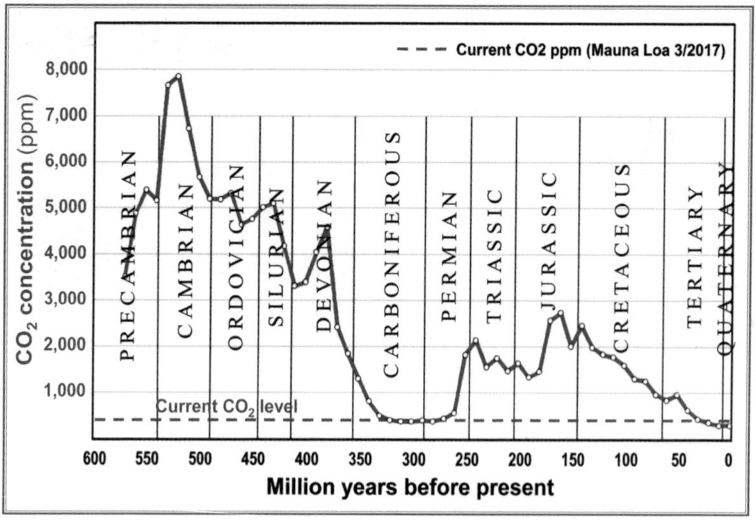

그림 5-14: 지구 역사와 이산화탄소 농도

는 다시 증가했고 공룡이 살았다는 쥐라기(Jurassic period)에는 2,500ppm을 넘었다.

하지만 백악기(Cretaceous period)를 거치면서 1억 5천만 년 동안 이산화탄소는 계속 줄어들어 2만 년 전 최후 빙기(Last Glacial Period)에는 182ppm까지 떨어졌다. 이유는 해양 석회화 생물(플랑크톤, 갑각류, 연체동물, 산호, 조개류 등)에 의해 수중 이산화탄소가 생물체에 흡수됐다. 이때 형성된 석회화 물질(석회암)로부터 지금 우리는 시멘트를 만들어 사용하고 유기체는 열에 의해 변성되어 석유와 천연가스가 됐다. 지구가 다시 간빙기를 만나 바다가 더워지면서 대기 이산화탄소는 증가하기 시작했고 화석연료를 사용하기 이전까지 280ppm이 됐다. 인간이 화석연료와 시멘트를 사용하고 바닷물이 더워지면서 2023년 현재 424ppm까지 도달했다. 석탄과 석유, 그리고 천연가스는 과거 지구 대기에 존재했던 이산화탄소가 생물의 유기물로 변했던 것을 인간이 다시 대기로 돌리는 것이다. 시멘트는 석회화 생물의 무기물로 변했던 이산화탄소를 인간이 사용하는 것이다. 현재 시멘트 생산도 지구 이산화탄소 총배출의 5% 정도 차지하고 있다.

지구에는 두 번의 저탄소 시기가 있었다. 한번은 석탄기 말이었고 또 한번은 신생대 제3기(Tertiary period) 말부터 지금까지다. 식물은 이산화탄소 농도가 150ppm 이하가 되면 살 수 없고 동물도 함께 사라지게 된다. 지구를 생명의 별로 다시 살린 것은 한번은 곰팡이고 또 한번은 인간이다. 깜짝 놀라겠지만 인구 증가와 산업 문명이 지구를 다시 생명의 별로 살려내고 있다는 것이 과학적인 사실이다.

그림 5-15는 온실 실험에서 확인한 이산화탄소 농도와 식물성장을 도식적으로 표현한 것이다.[13] 그림에서 보듯이 150ppm 수준이면 식물은 물과 영양물질이 있어도 생존이 어렵고 최후 빙기(182ppm)의 식물은 190ppm 수준과 비슷하다. 인류가 정착 생활을 시작했던 1만 년 전에 265ppm이던 이산화탄소가 산업화 시작에 280ppm으로 증가했고 지금은 420ppm을 넘었다. 그동안 인구 증가와 산업 문명이 지구의 식물 번성에 크게 기여했음을 그림이 말해주고 있다. 이 그림은 800ppm이 되면 식물은 더욱 왕성하게 성장할 수 있음을 보여준다. 지금과 같은 속도로 대기 이산화탄소 농도가 증가하면 170년 뒤에나 800ppm에 도달할 수가 있다. 식물이 높은 이산화탄소 농도에서 왕성한 성장을 보이는

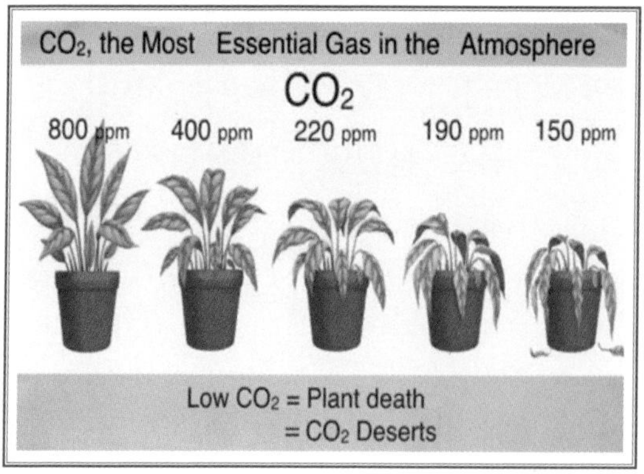

그림 5-15: 이산화탄소 농도와 식물성장

13 Ralph Ellis: Climate and Energy Disinformation, https://www.youtube.com/watch?v=BmdjUYYNeSI&t=1806s

이유는 그림 5-14에서 봤듯이 과거 그런 종이 출현했을때 지구 대기에 높은 농도의 이산화탄소가 유지됐기 때문이다.

지구 대기의 이산화탄소 증가는 농업 기술의 발달과 함께 식량 생산 증가에도 상당한 기여를 하고 있다. 그림 5-16은 지난 1960년대부터 전 세계 단위 면적당 옥수수 생산량과 이산화탄소 배출량을 비교한 것이다. 옥수수는 비료와 농약, 품종 개량과 같은 농업 기술의 발달에 의한 영향을 다른 곡물에 비해 비교적 영향을 적게 받은 품종이기 때문에 인간에 의한 이산화탄소 배출이 농업 생산량 증가로 이어지고 있음을 분명하게 보여주고 있다. 대기에 공짜로 주어지는 이산화탄소로 인해 지난 1961년부터 2011년까지 대기에 증가한 이산화탄소로 인해 농업 생산량에서 총 3.5조 달러($3.5 trillion)

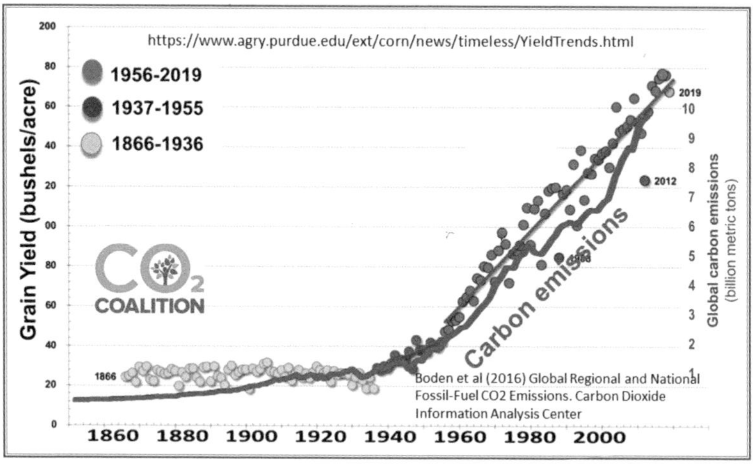

그림 5-16: 이산화탄소 배출량과 옥수수의 단위 면적당 생산량 변화

경제적 효과가 나타난 것으로 추정하고 있다.[14] 그림 5-17은 주요 식량 작물에 이산화탄소 300ppm을 추가했을 경우 증가하는 바이오매스를 실험으로 밝혀낸 값이다. 그림에서 보듯이 최고 77.8%(당근)에서부터 최소 41.0%(가지)에 이르기까지 다양하다. 이러한 연구 결과는 이미 오래전부터 농학에서 밝혀진 사실이다. 1920년 과학 잡지 『사이언티픽 아메리칸』은 이산화탄소가 풍부해진 공기가 식물 성장에 주는 혜택을 극찬하는 기사를 실었다.[15]

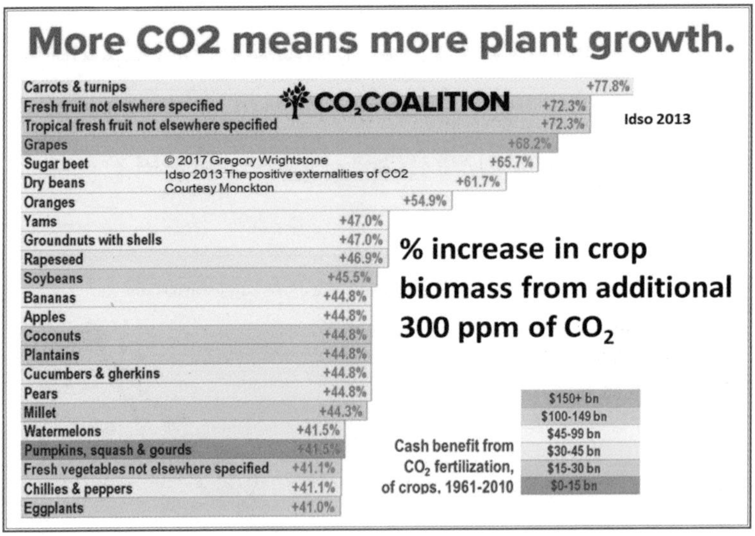

그림 5-17: 이산화탄소 300ppm 추가될 때 주요 작물의 생산량 증가율

---

14 The positive externalities of carbon dioxide, Idso CD ,2013 http://www.co2science.org/education/reports/co2benefits/MonetaryBenefitsofRisingCO2onGlobalFoodProduction.pdf

15 Carbonic Acid Gas to Fertilize the Air, Alfred Gradenwitz, Scientific American, Nov. 27, 1920.

많은 온실 농업자들은 이산화탄소가 식물성장에 미치는 효과를 잘 알기 때문에 자신들의 온실에 이산화탄소 발생기를 설치하고 있다. 이산화탄소 발생기는 온실의 대기 이산화탄소 수치를 1,000~1,500ppm으로 높여 작물 수확량을 30~40% 증가시킨다.

온실 농업에 사용하는 이산화탄소 발생기 역할을 우리 몸도 할 수 있다. 실내에서 기르는 화초에 자주 말을 하면 잘 자라게 되는 현상이 이를 보여준다. 우리가 호흡할 때 뱉는 날숨에는 40,000ppm이나 되는 높은 농도의 이산화탄소가 들어있기 때문이다. 그림 5-18은 미국에서 우리의 날숨과 식물성장 간의 관계를 어린이들에게 교육하는 사진이다. 화초를 미워하고 따돌리는 경우(Bullied)와 가까이 가서 좋은 말로 칭찬하는 경우(Praised)에 실제로 나타나는 현상을 보여주고 있다. 그 이면에는 이산화탄소 농도 상승이라는 과학적인 이유가 있다.

그림 5-18: 사람의 날숨과 식물 성장

이산화탄소 농도가 높아지면 광합성 하는 식물에는 좋을지 몰라도 산소 호흡 하는 동물의 건강에는 나쁠 수 있다는 우려를 할 수도 있다. 하지만 과학적 사실은 걱정할 필요가 없음을 알려주고 있다. 실제로 우리가 일하고 잠자는 사무실이나 주택의 실내공기에는 호흡으로 인해 보통 1,000ppm이 넘는 이산화탄소가 있다. 그리고 잠수함에서는 8,000ppm, 우주선에서는 5,000ppm에 가까운 이산화탄소를 실내공기에 허용하고 있다. 미국 직업안전건강관리청(OSHA)은 작업장에서 8시간 동안 이산화탄소 기준으로 8,000ppm, 무제한 연속적인 노출에는 5,000ppm으로 정해두고 있다.

사람과 동물의 건강과 생존에 영향을 주는 것은 산소지 이산화탄소가 아니라는 것이다. 대기에 존재하는 산소와 이산화탄소는 부피 비율로 각각 20.5%(205,000ppm)와 0.0424%(424ppm)다. 산소가 이산화탄소보다 부피로 500배가량 많다. 만약 대기에 산소가 6%(60,000ppm)이면, 인간은 의식을 잃고 사망한다. 인간에게는 산소 60,000ppm이 한계지 이산화탄소 몇천 ppm은 문제가 될 수 없다.

탄소 중립의 허망함

지구온난화의 원인이 인간 활동으로 인한 미미한 이산화탄소 증가가 절대로 될 수 없음이 지금까지 관측된 여러 기후 자료로 확인됐다. 또 지구 대기의 온실효과 95%는 수증기가 차지하고 인간에 의한 이산화탄소는 0.12%에 불과하다는 사실도 과학이 말해주고 있다. 그뿐만 아니라 노벨물리학상 수상자를 비롯한 세계적인 기후과학자들은 현재 대기에 증가하는 이산화탄소의 온실효과는 태양·구름·바다의 거대한 열량 변화 효과에 함몰되어 지구 기후에 어떤 영향도 줄 수 없음을 과학적 이론으로 설명하고 있다(6장 참고).

증가하는 이산화탄소로 지구는 더욱 푸르러지고 농작물 생산성이 급증하고 있다. 지구가 더워지면서 나타난 북극 증폭 현상으로 태풍, 허리케인, 토네이도, 사이클론 등의 발생 횟수가 줄어들었다. 또 지난 100년 동안 기후 재난 사망자가 98%나 감소했음이 기록으로 확인됐다. 하지만 유엔은 이산화탄소가 기후 대재앙을 불러온다며 계속해서 감축을 요구하고 있다.

과학적 지식이 부족한 정치인들은 이산화탄소가 지구온난화를 유발하고 화석연료 사용을 줄이는 것이 지구를 살리고 인류의 지속가능한 미래를 보장하는 것으로 알고 있다. 또 태양광과 풍력은 자연에서 나오는 공짜 에너지이고 미래에는 점점 비용이 적게 들어가 경제성장에 도움이 된다는 감언이설에 속아 넘어갔다. 그리고 그 결과는 자국의 경제적 자살로 나타나게 됐다. 예를 들어, 미국은 1990년대부터 온실가스 감축을 추진했다. 그래서 미국의 일인당 이산화탄소 배출량을 약 21톤에서 약 15톤으로 약 30% 줄일 수 있었다. 이 기간에 미국이 세계 GDP에서 차지하는 비중은 32%에서 거의 20% 아래로 떨어졌다. 유럽연합 국가들은 일인당 이산화탄소 배출량을 9.2톤에서 6.3톤으로 30% 이상 줄였다. 같은 기간 동안, 유럽연합이 세계 GDP에서 차지하는 비중은 28%에서 15% 미만으로 거의 반 가까이 줄었다. 영국에서도 이와 유사한 현상이 나타났다. 영국은 1990년 이후 놀랍게도 일인당 이산화탄소 배출량을 10톤 이상에서 약 반에 해당하는 5톤으로 감축했다. 이 30년 동안, 세계 GDP에서 영국이 차지하는 비율은 4% 이상에서 3.2%로 떨어졌다.[16]

지난 30여 년 동안 서방국가를 중심으로 이루어진 이러한 희생에도 불구하고 지구 대기의 이산화탄소 농도는 아무런 반응을 보이지 않고 있다(그림 5-19). 특히 지난 2020년 세계적인 코로나 방역으로 인해 인간에 의한 전 지구적 이산화탄소 배출 감축이 10~15%나 이루어졌지만 지구 대기의 관측치에는 어떤 변화도 없었다. 코로나 방역 시 대기 관측치에 나타난 반응은 과학 지식이 조금이라도 있으면 사전에 예상할 수 있었던 결과다. 왜냐하면 지구 대기의 이산화탄소는 96.8%가 자

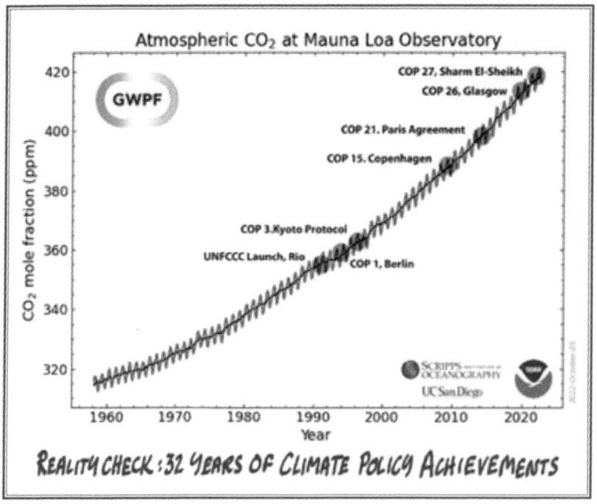

그림 5-19: 유엔 기후 정책의 허망함

16 기후 위기는 중국의 비밀 병기, 한국은 걸려들지 말아야. 데이비드 크레이그, 에포크 타임스, 2023년 5월 3일, https://kr.theepochtimes.com/c-opinion

연 생태계에서 나왔고 인간 활동은 3.2%만 기여하고 있다. 그래서 코로나 방역과 같이 산업과 교통을 비롯하여 전 세계인의 활동 전반에 엄청난 규제가 가해졌을 때 지구 이산화탄소는 겨우 0.3% 줄여진다. 게다가 지구 표면은 71%가 수면이기 때문에 많은 양의 이산화탄소가 더워지는 바다에서 대기로 방출된다. 그뿐만 아니라 중국이나 인도, 기타 대부분의 저개발국은 계속해서 이산화탄소 배출을 증가시키고 있다(그림 5-20). 여기에 세계 인구는 지금도 계속 증가하고 있다.

유엔은 세계 각국의 환경과 경제를 통제해야 기후 대재앙을 막을 수 있다며 IPCC 참여 195개국에 2050년까지 탄소 중립을 요구하고 있다. 하지만 과학은 수많은 증거 자료로 유엔의 탄소 중립은 불가능할 뿐 아니라 인류와 지구 생태계에 부정적 영향을 준다는 사실을 알려 주고 있다. 산업 문명과 과학기술의 발달이 지구에 더 많은 인구가 더 오래 건강하고 풍요롭게 살게 했다. 그로 인해 이산화탄소가 증가하여 지구가 더욱 푸르게 변하며 식량 증산이 일어나고 있음은 지금까지 확인된 과학적 사실이다. 그래서 미국의 고속도로변에는 그

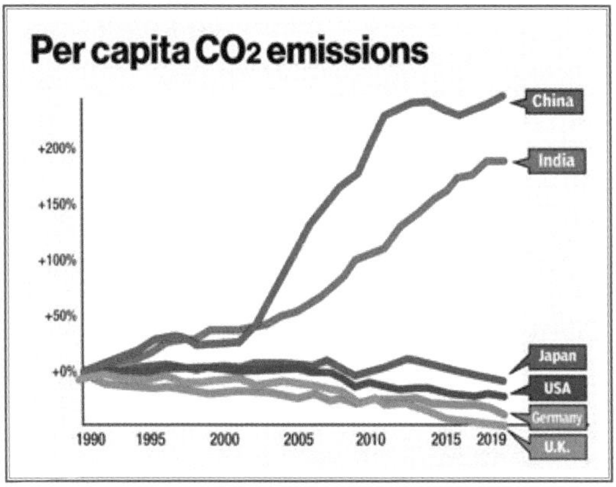

그림 5-20: 주요 국가의 지난 30년 동안 일인당 이산화탄소 배출량 변화

림 5-21과 같은 "이산화탄소는 생명을 위한 핵심 물질이다."라는 거대한 광고판을 세워 두고 있다. 기후 위기와 탄소 중립이라는 거짓 선동에 넘어가지 말 것을 알리고 있다.

그림 5-21: 미국 이산화탄소연맹 고속도로 광고판

유엔의 목적은 인류 산업 문명에서 배출된 이산화탄소가 지구의 기후를 변화시킨 것으로 만들어 잘사는 나라로부터 기후 기금을 받아내고 세계 정부로의 권력을 확장하는 것이다. 하지만 과학은 인간 활동에 의한 이산화탄소는 지구의 기후를 변화시킬 수 없으며 증가하는 이산화탄소와 기온 상승은 지구 생태계와 인류 번영에 축복임을 말해주고 있다.

유엔의 속셈은 사무총장 안토니우 구테흐스(António Guterres)의 경력과 발언에서도 짐작할 수 있다. 구테흐스 사무총장은 포르투갈 사회당 대표로 총리를 역임했고 전 세계 사회주의 정당 모임인 사회주의인터내셔널 대표로 1999년부터 2005년까지 활동했다. 그는 2022년 "이제 지구를 불태우는 것을 멈추고 우리 주변에 넘쳐나는 재생에너지에 투자해야 할 시간이다."라고 말했다(그림 5-22).[17] 그런데 기후 대

17 https://press.un.org/en/2022/sgsm21228.doc.htm

재앙을 막아야 한다며 재생에너지에 열심히 투자하면 사회주의 세계화 꿈을 지금도 버리지 않고 있는 중국을 도와주는 일이 된다.

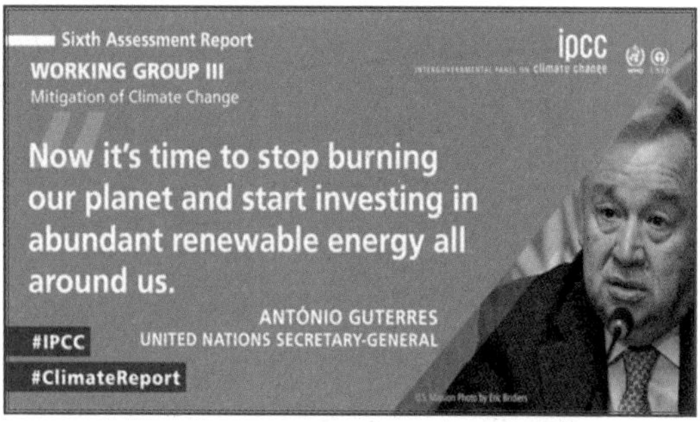

그림 5-22: IPCC 6차 보고서를 내면서 유엔사무총장이 세계를 향해 내놓은 메시지

그림 5-23은 2021년을 기준으로 육상 및 해상 풍력과 태양광, 그리고 전기차에 이르기까지 지역별 생산 점유율을 보여준다.[18] 그림에서 보듯이 거의 모든 분야를 중국이 점유하고 있다. 여기에 들어가는 희토류를 비롯하여 구리, 니켈, 코발트, 리튬 등과 같은 금속 생산도 중국이 점유하고 있다.[19]

태양광과 풍력 발전, 그리고 전기차는 필요한 기술이지만 국민 세금으로 보조금을 지원하지 않으면 가격 경쟁력이 없어 살아남기 어렵다. 그래서 계속해서 기후 대재앙이 임박했다며 탄소 중립의 필요성을 역설하는 것이다. 가짜 기후 위기가 만들어낸 탄소 중립은 결국 국민의 세금과 기업의 이윤 도둑으로 이어질 수밖에 없다.

---

18 https://www.visualcapitalist.com/where-are-clean-energy-technologies-manufactured/

19 https://www.visualcapitalist.com/chinas-dominance-in-clean-energy-metals/

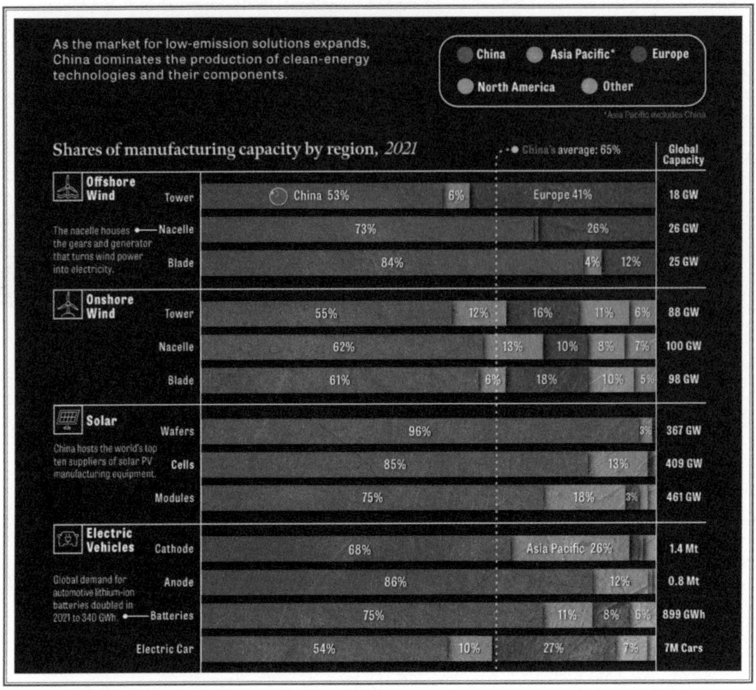

그림 5-23: 풍력 및 태양광 발전과 전기차 생산 중국 점유율

태양광과 풍력 발전 비율 높이고 전기차 많이 탄다고 해서 지구 대기의 이산화탄소가 줄어드는 것은 절대로 아니다. 또 줄어든다고 해서 날씨가 좋아지는 것은 더욱 아니다. 국민 세금은 보조금으로 날아가고 국가 경제는 비싼 전기 요금으로 심각한 타격을 받는 대신 중국은 뒤에서 떨어지는 이익을 챙기고 있다. 우리는 미국 트럼프 대통령이 기후변화는 중국 사기다(Climate Change is Chinese Hoax)라고 한 말을 주목해야 한다(그림 5-24). 오른쪽 사진은 "기후 위기는 없으니 편히 자라" 라는 미국 이산화탄소연맹이 세운 광고판이다.

그림 5-24: 트럼프 대통령 포스터와 기후 위기는 없음을 알리는 광고판

우리는 지난 2021년 영국 글래스고에서 개최된 제26차 유엔 기후변화당사국총회(COP26)를 앞두고 미국 MIT 리처드 린젠 교수가 한 "영국에서 어떤 결정을 해도 지구의 기후에는 아무런 변화를 주지 못하고 세계 경제에는 엄청난 피해를 가져올 것이다."라는 말을 새겨들어야 한다(그림 5-25). 그는 또 "이산화탄소가 지구의 기후를 조절한다고 믿는 것은 마술을 믿는 것과 아주 유사하다."라고 말했다.

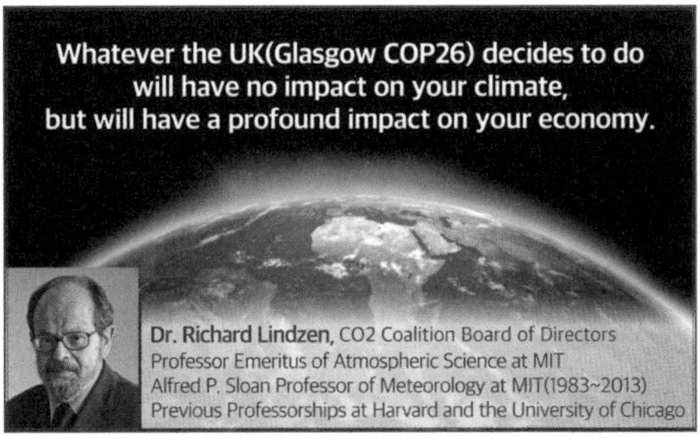

그림 5-25: 유엔기후정책을 비판하는 린젠 교수

유엔은 기적의 생명 물질을 지구를 불덩어리로 만드는 악마의 물질이라 선동하여 사회주의 세계 정부를 추구하고 있다.

Climate change is absolutely a pseudoscience. I would say that, basically, global warming is a non-problem. Both human health and happiness have definitely improved in this warming period. Global warming has become a new religion. If you want to help Africa, you should help them out of poverty, not try to build solar cells and windmills.

Ivar Giaever

제6장

기후변화의 진짜 원인

기후변화는 틀림없는 사이비 과학이다.
지구온난화는 전혀 문제가 안 된다.
역사적으로 인류 건강과 행복은 지금과
같은 따뜻한 시기에 확실히 더 좋아졌다.
지구온난화는 새로운 종교가 됐다.
만약 아프리카를 돕고 싶다면
태양광이나 풍력 발전 대신 가난에서
벗어나도록 해야 한다.

이바르 예베르(Ivar Giaever)
1973년 노벨물리학상 수상자

제6장
기후변화의 진짜 원인

지구 역사 46억 년 동안 기후는 끊임없이 변화해 왔다. 고기후학은 생물이 왕성하게 번성하기 시작한 5억 7천만 년 전까지 비교적 정확하게 지구의 기후 역사를 추적해내고 있다. 대부분의 시기가 지금보다 15℃ 정도 높았으며 유성 충돌, 화산 폭발, 대륙 이동, 공전 궤도, 자전축 기울기, 세차운동 등이 기후변화의 주요 원인이었다. 인류가 정착 생활을 시작한 1만 년 동안에도 지구의 기후는 계속 변화해 왔다.

홍적세 빙하기의 홀로세 간빙기

지구는 5억 7천만 년 이전(선캄브리아기)에는 추운 빙하기에 있었다. 그리고 지금 우리가 살아가는 이 시기도 신생대(Cenozoic Era) 제4기(Quaternary) 빙하기에 해당한다. 그 사이 수억 년에 걸쳐 있었던 고생대(Paleozoic Era)와 중생대(Mesozoic Era), 그리고 신생대 대부분의 시기는 지금보다 더웠다. 고생대에 있었던 두 번의 빙하기는 지금과 기온이 비슷했으며 중생대에는 기온이 떨어진 시기가 한 번 있었으나 지금보다 5℃ 정도 높았다(그림 6-1).[1]

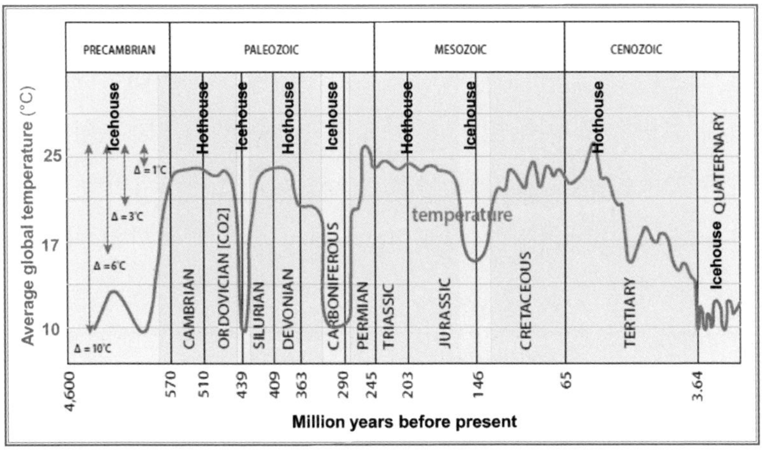

그림 6-1: 지구 역사 46억 년 동안 기온 변화

신생대 6천 5백만 년 동안 기온이 18℃가량 떨어졌는데 주요 원인은 대륙 이동으로 추정하고 있다. 고생대 두 번째 빙하기(Karoo Ice Age) 이후 약 2억 년 동안 지구에는 얼음이 없었다가 3천 3백만 년 전부터 남극대륙에 얼음이 얼기 시작했다. 약 260만 년 전에 북극해에 빙하가 생긴 홍적세 빙하

1 불편한 사실, 그레고리 라이트스톤 저, 박석순 역, 어문학사 2021년

기(Pleistocene Ice Age)가 시작됐다. 홍적세 빙하기에는 45번의 빙기(Glacial Period)가 있었고 빙기 사이에는 비교적 따뜻한 간빙기(Interglacial Period)가 나타났다.[2] 지금 우리가 사는 이 시기는 마지막 홀로세(Holocene) 간빙기가 시작된 지 1만 년 정도 지났다. 그리고 지난 1만 년 동안 10여 차례의 기온 상승과 하락이 있었다(그림 6-2).

지금의 기후 위기 소동은 홀로세 간빙기 안에서 중세 온난기(950~1250년) 다음에 나타난 소빙하기(1250~1850년)가 끝나고 현대 온난기가 진행되는 과정에서 1980년대 후반부터 대기 이산화탄소 농도 증가와 겹쳤기 때문에 일어난 것이다. 그리고 이를 이용하려는 이익 집단이 형성되어 지금까지 계속되

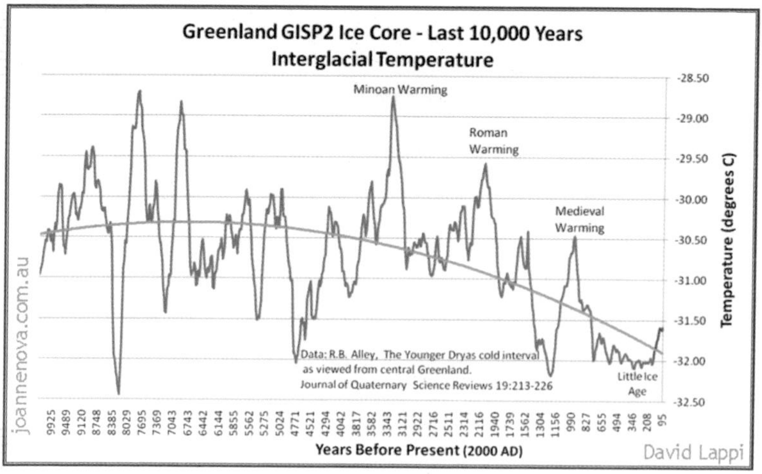

그림 6-2: 지난 1만 년 동안의 기온 변화

2 종말론적 환경주의, 패트릭 무어 저, 박석순 역, 어문학사 2021년

고 있다. 하지만 제5장에서 봤듯이 인간에 의한 이산화탄소 증가는 기온 상승을 일으킬 수 없음이 이론적으로나 관측 자료로 입증됐다. 그렇다면 소빙하기 이후 나타난 기후변화의 진짜 원인은 무엇인지, 그리고 유엔은 어떻게 "10년 내 지구 존폐 결정"이라는 기후 종말을 예측했는지 알아보자.

태양의 흑점 활동과 일사량

누구나 알고 있듯이 지구 에너지의 원천은 태양이다. 태양은 태양계의 모든 질량의 99.85%를 차지하고 지구 기온을 결정하는 에너지의 약 99.98%를 공급하고 있다. 그림 6-3은 질량과 에너지의 절대적인 수치를 가늠할 수 있게 해준다. 그래서 태양 에너지의 미약한 변화도 지구 기온에는 상당한 영향을 준다.

그림 6-3: 태양과 지구의 크기 비교

태양이 지구의 기후변화에 영향을 주는 것은 흑점 활동으로 관측된다. 이는 수십 년에서 수백 년의 주기를 갖고 변한다. 흑점 활동과 날씨를 처음 거론한 과학자는 독일에서 태어나 영국에서 활동했던 윌리엄 허셜(William Herschel)이라는 천문학자다. 그는 19세기 초 태양의 흑점 수와 밀 가격 사이의 상관관계를 발견했다. 흑점이 더 많은 시기에는 밀 가격은 더 낮은 경향이 있었다. 반대로 흑점이 거의 없는 시기에는 높은 밀 가격과 일치했다. 흑점 수가 많으면 농업 생산량이 늘어나 농산물 가격이 떨어지는 현상을 당시 학계에 보고한 것이다. 하지만 당시 그의 주장은 조롱만 당했다.[3]

좀 더 가까운 시기에 이루어진 연구는 수백 년에 걸쳐 흑점 활동이 적은 기간에는 낮은 기온, 그리고 흑점 활동이 왕성한 기간에는 높은 기온이 나타나는 현상에 강한 상관관계가 있는 것을 밝혀냈다. 일례로, 천문학자 에드워드 마운더(Edward Maunder)와 애니 마운더(Annie Maunder)의 이름을 딴 "마운더 극소기(Maunder Minimum)"라고 불리는 기간은 소빙하기와 일치했고, 달튼 극소기(Dalton Minimum)는 지구 기온이 평균보다 현저히 떨어졌다고 믿어지는 시기에 발생했다. 그뿐만 아니라 흑점 활동이 증가한 "현대 극대기(Modern Maximum)"라 불리는 기간은 1900년경 이후의 기온 상승 시기와 일치하고 있다(그림 6-4).

3 The Maunder Minimum and the Variable Sun-earth Connection, Soon and Yaskell, World Scientific Press, 2003

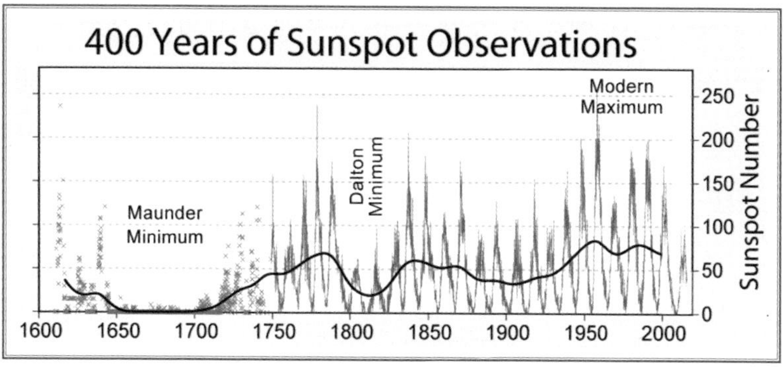

그림 6-4: 지난 400년 동안 태양의 흑점 활동 변화

태양의 흑점 수는 지구에 도달하는 일사량을 결정하고 이는 기온에 영향을 주게 된다. 그림 6-5는 북반구에서 관측된 기온과 총 일사량의 변화를 결합한 것이다. 그림에서 보듯이 총 일사량(붉은색 선)은 소빙하기를 빠져나오면서 상승과 하강을 반복해오고 있다. 관측된 기온은 일사량의 높낮이와 비교적 잘 일치하고 있음을 알 수 있다. 1970대 인공위성 관측이

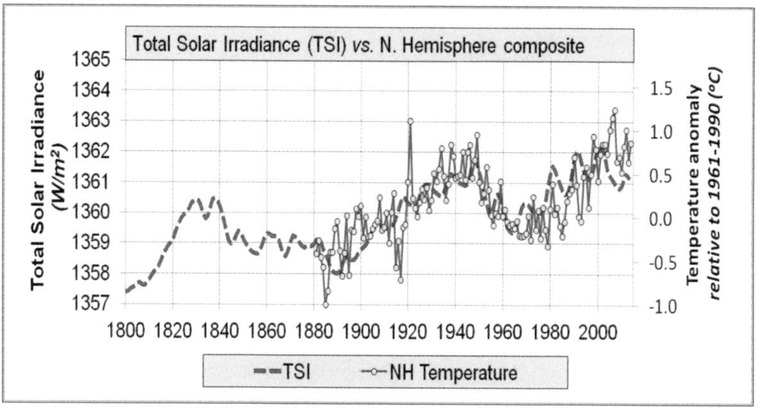

그림 6-5: 북반구에서 관측된 기온과 총 일사량

가능해지면서 태양의 흑점 수와 지구에 도달하는 태양 복사 에너지 간의 관계가 정확하게 밝혀지고 있다. 태양 활동을 연구하는 과학자들은 지구 기온에는 대류권에 도달하는 일사량이 가장 중요한 역할을 한다는 사실을 확신하고 있다.

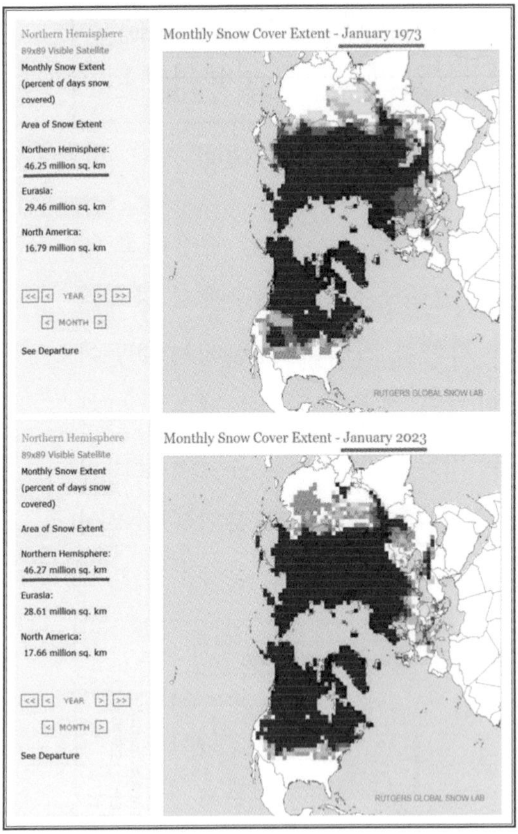

그림 6-6: 지난 50년간 북반구 눈 덮인 면적 변화

최근에는 IPCC가 주장하는 지난 1850년 이후 기후변화는 태양의 활동과 도시화로 인한 것임을 밝혀주는 연구 결과도 나왔다.[4] 지구 표면의 기온을 관측하는 측정소는 대부분 도시에 위치해 있기 때문에 이를 배제했을 경우 지금까지 알려진 기온 상승 정도가 크게 줄어들었음이 확인됐다. 이는 지구가 더워졌다고 알려진

4 The Detection and Attribution of Northern Hemisphere Land Surface Warming (1850-2018), Soon et al, Climate, 2023 https://doi.org/10.3390/cli11090179

상당 부분이 부적합한 관측 지점이 원인이라는 것이다. 이 주장을 확인해볼 수 방법 중 하나는 지구의 눈 면적을 비교하는 것이다. 166쪽의 그림 6-6은 지난 50년 동안 위성으로 관측된 1월의 눈 면적을 비교한 것이다.[5] 북반구에 겨울철 눈 덮인 면적이 1973년 1월에는 46.25백만 km^2였고 2023년 1월에 46.27백만 km^2였다. 그동안 세계 인구는 40억이 더 늘었고 이산화탄소는 95ppm가량 증가했지만 겨울철 눈 덮인 면적은 오히려 2만 km^2 증가했다.

구름의 기온 조절 기능

구름은 대기 수증기로 만들어진 작은 물방울이나 얼음 알갱이들이 수십억 개 모인 커다란 덩어리다. 육지와 바다의 물이 태양 에너지에 의해 증발하여 구름이 되었다가 다시 비나 눈으로 내려오는 과정을 통하여 열을 흡수 또는 방출하기 때문에 구름은 지구의 기온 변화에 중요한 역할을 한다. 또 하늘을 덮고 있는 구름의 전체 면적 비율은 60%에서 70% 사이로 변하고, 구름은 모양과 성질에 따라 보통 40~90%의 태양광선 반사율(Albedo)을 갖기 때문에 대류권 상층에 도달한 태양 에너지가 지표면까지 오는 양은 구름 덮개 비율

---

5 http://climate.rutgers.edu/snowcover/

에 따라 크게 달라진다. 그래서 노벨물리학상 수상자 존 클라우저(John Clauser) 박사는 구름이 지구의 기온을 자율 조절하고 있음을 강조하고 있다. 구름의 자율 조절(Cloud Cover Thermostat)이란 기온이 너무 높을 때 더 많은 구름이 지구를 둘러싸고, 그 반대 현상도 일어나는 것을 의미한다.

그림 6-7은 구름의 자율 조절을 설명해주고 있다. 지난 1997년 5월에 시작된 지구온난화 중단에서 자율 조절이 나타나고 있음을 확인할 수 있다. 1980년대 중반에 지구온난화가 시작되면서 약 70%였던 구름 면적(TCC: Total Cloud Coverage)이 계속 줄어들면서 기온은 상승했다. TCC는 63%까지 줄어들었다가 다시 늘어나면서 기온 상승은 중단됐으며 이후 TCC는 증가와 감소를 반복하고 있다. 온난화가

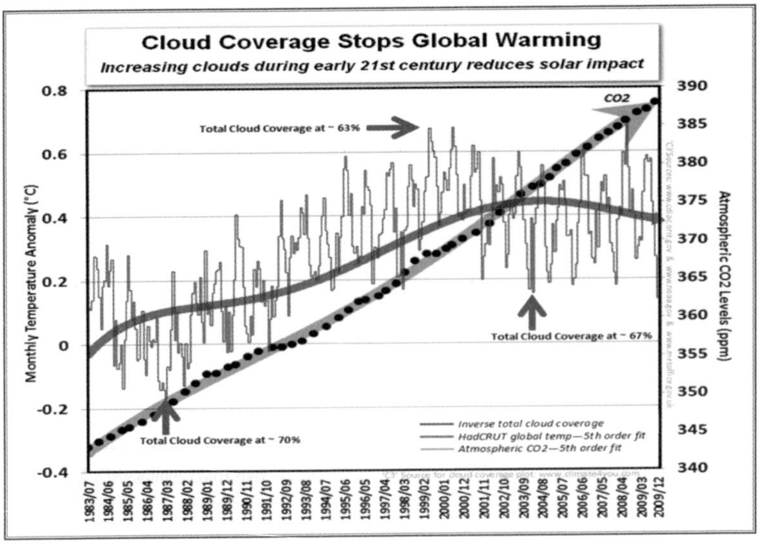

그림 6-7: 구름의 기온 자율 기능과 지구온난화 중단 현상

일어난 10여 년 동안 이산화탄소 증가, 기온 상승, 그리고 TCC 감소가 함께 일어났다. 하지만 중단 시기에는 이산화탄소는 증가해도 기온은 TCC에 따르는 것을 보여주고 있다.

구름은 다양한 형태로 변하고 비나 눈으로 소멸하기도 하며 높낮이를 달리하면서 끊임없이 이동하기 때문에 구름으로 덮인 면적을 예측하는 것은 거의 불가능에 가깝다. 또 구름은 높낮이와 하루 중 시간대에 따라 대기를 덥게 또는 춥게 할 수도 있다. 어떤 구름은 태양 광선을 우주로 반사하여 복사 에너지가 지구 표면에 도달하는 것을 막을 수도 있지만 어떤 구름은 열을 가두는 단열재 역할을 하여 지표면에 가까운 공기를 덥게 할 수도 있다.

구름의 형성에는 태양의 활동과 우주에서 대류권으로 들어오는 우주선(Cosmic Ray)이 관여한다. 우주선은 대류권 기체의 이온화 속도를 증가시켜 구름 형성을 돕고 태양의 활동은 우주선의 대류권 유입을 조절한다. 태양의 활동이 왕성하면 우주선의 대류권 유입이 줄어들기 때문에 태양은 지표면으로 내려오는 복사 에너지뿐만 아니라 구름 형성도 조절하여 지구 기온에 직간접으로 영향을 준다.

반면에 지구 상공의 상당 부분을 덮고 있는 적란운(Cumulonimbus)은 지면으로부터 강력한 상승 기류에 의해 수직으로 발달한다. 큰 규모의 이 구름은 태양으로부터 지구에 도달하는 가시광선을 반사하여 지구의 온도를 안정적으로 조절하는 중요한 역할을 한다. 태양광에 의해 지면의 온도가 올라가면 수증기가 상승 기류를 타고 올라가 적란운을 형성하고 구름은 다시 비를 내려 지면을 식힌다(그림 6-8). 여름철 소나기는 적란운 형성과 소멸 과정을 통해 기온을 자율 조절하는 사례 중 하나다.

이처럼 태양의 활동은 우주선을 차단하여 구름 형성을 억제하기도 하지만 지면 가열로 상승 기류를 일으켜 적란운을 형성을 촉진하기도 한다. 이렇게 형성된 적란운은 태양 복사를 우주로 반사하고 비를 뿌려 기온이 떨어지게 한다. 그 외에도 구름은 다양한 모양과 성질로 변화하고 높낮이를 달리하면서 지구의 기상과 기온에 영향을 주고 있다. 존 클라우즈 박사가 유엔 IPCC가 지구 기온 예측에 200배나 과장했다며 비난한 이유 중 하나가 이러한 구름의 기온 조절 기능을 무시하고 있기 때문이다.

그림 6-8: 적란운의 형성 및 소멸 과정

그림 6-9는 1983년부터 2017년까지 나타난 지구의 구름 덮개 비율과 지표면 기온 간의 상관성을 보여준 것이다. 구름 덮

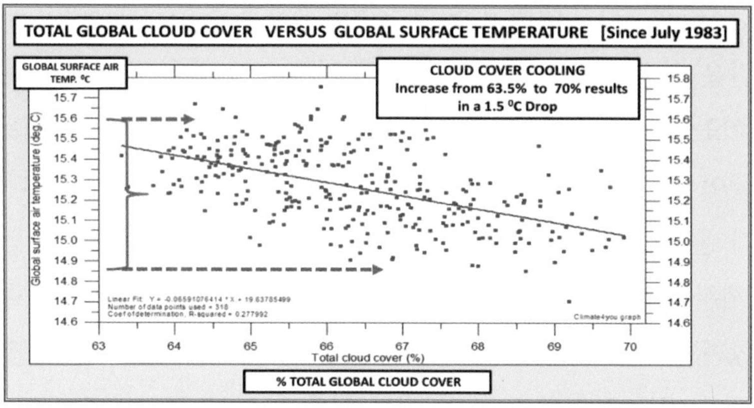

그림 6-9: 지구 전체 하늘의 구름 덮개 비율과 지표면 기온

개 비율이 63.5%에서 70%까지 변화하면서 기온은 1.5℃ 떨어졌다. 구름 1%가 기온 0.23℃를 변화시킨다는 것이다. 이는 지표면 기온이 구름 덮개 비율에 따라 결정된다고 할 만큼 구름의 중요성을 말해주고 있다.

구름이 지구 기온 변화에 중심 역할을 한다는 주장은 다른 여러 연구에서도 강조되고 있다. 2020년 4월에는 "구름이 단파 복사열에 미치는 영향은 지구 에너지 균형에 중요한 역할을 하며, 그 영향은 평균적으로 온실가스보다 훨씬 크다."[6] 9월에 나온 또 다른 연구는 "구름은 지구 육지 기후 시스템의 핵심 요소다. 실제로 구름은 복사 에너지 조절을 통해서 지구의 기후를 조절하는 가장 중요한 매개변수가 될 수도 있

6 Distinctive spring shortwave cloud radiative effect and its inter-annual variation over southeastern China, Li et al, Atmospheric Science Letters, April 2020, https://doi.org/10.1002/asl.970

다."라고 결론 내리고 있다.[7] 미항공우주국(NASA)도 다음과 같은 사실을 인정했다. "지구의 기후 시스템을 변화시키는 주요 동인으로 구름, 에어로졸, 지표면의 밝기와 같은 '변수'들이 있다. 지구 환경에서 변화하는 이러한 동인들 하나하나가 온실가스로 인한 온난화 영향을 능가하는 힘이 있다."

존 클라우저 박사는 지구 대기에 이산화탄소가 증가하고 있지만 그것으로 인한 미미한 열전달 효과는 구름의 거대한 자연 변동에 휩쓸려 버려 아무 역할도 하지 못한다고 했다. 그래서 그는 "우리는 지금 사이비 과학에 빠져 있고, IPCC가 거짓말을 하고 있다."라고 강하게 비난했다.

이산화탄소가 "기적의 생명 물질"인 반면 물은 "기적의 보온 물질"이다. 아울러 물은 구름을 통해 지구의 기온을 자율 조절하는 놀라운 능력을 보여주고 있다.

해류와 엘니뇨·라니냐

기후 선동가들은 증가하는 이산화탄소로 인해 바다가 더워지고, 더워진 바다는 더 많은 이산화탄소를 방출하여 온

7 Cloud cover changes driven by atmospheric circulation in Europe during the last decades, Sfica et al, International Journal of Climatology, September 2020, https://doi.org/10.1002/joc.6841

난화를 더욱 심화하고, 그렇게 해서 더 많은 이산화탄소와 더 강한 지구온난화가 계속 이어지는 "선형적 관계"가 일어날 수 있다고 주장한다. 또 더워진 바다는 대기 수증기도 증가시켜 지구온난화는 더욱 가속화될 수 있다는 논리다. 그래서 그들은 이산화탄소를 줄이지 않으면 바다는 계속 더워져 가까운 시일 내에 기후 대재앙은 반드시 올 것이라는 공포를 만들어내고 있다.

그림 6-10은 미국 국립해양대기청(NOAA)에서 나온 지구의 해수면 온도 그래프다. 이 그래프는 지구의 바닷물이 1880년 이후 140년 동안 0.67℃, 20세기 평균과 비교하면 0.69℃ 정도 따뜻해졌음을 보여준다. 그런데 좀 더 자세히 보면 수온 상승이 이산화탄소 증가와는 일치하지 않음을 알 수 있다. 1880년부터 1910년까지 30년 동안 0.4℃ 떨어졌고, 다시 1940년까지 30년 동안 0.8℃ 증가했다. 이후 0.3℃ 떨어졌다가 1970년부터 계속 상승하는 추세를 보인다. 만약 이산화탄소가 지구온난화를 일으켜 바다 수온이 상승

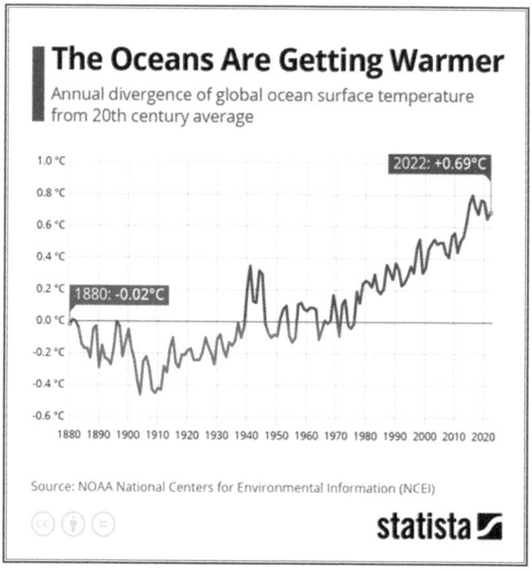

그림 6-10: 지구의 해수면 온도 변화(1880~2022)

했다면 1970년 이전의 변화는 절대로 있을 수 없다. 왜냐하면 1950년까지는 인간이 화석연료 사용으로 배출한 이산화탄소는 소량이었고, 실제로 배출량 가속화가 일어나고 있었던 1970년대까지 수온이 떨어졌다는 사실은 이론적으로 맞지 않기 때문이다.

이 그래프 하나로도 기후 위기 허구성은 잘 드러나고 있다. 이산화탄소가 바다 수온을 변화시키지 않았음이 분명하고, 지난 1880년부터 지금까지 나타난 추이는 그림 6-4의 태양의 흑점 활동과 그림 6-5의 일사량 변화와 유사함을 짐작할 수 있다. 태양의 활동이 바다의 수온을 변화시켰고 대기의 수증기와 이산화탄소에도 영향을 미쳤음을 보여준다.

지구 표면의 71%를 차지하는 바다는 약 38,000Gt(기가 톤)의 이산화탄소를 함유하고 있다. 이는 약 850Gt이 있는 대기보다 45배나 많은 양이다. 그리고 기체는 온도에 따라 물의 용해도를 달리하기 때문에 바다 수온은 대기 이산화탄소 농도에 상당한 영향을 준다. 실제로 오늘날 대기 이산화탄소 증가에는 인간의 화석연료 사용보다 바다 수온이 더 큰 역할을 할 수 있다.[8] 지금까지 관측되는 해수면 상승도 더워지는

8 Henry's Law controls CO2 concentration, not humans, Bud Bromley, August 18, 2021, https://climatecite.com/henrys-law-controls-co2-concentration-not-humans/

바닷물의 열팽창에 의한 것임이 확인되고 있다.

바다가 기온에 영향을 주는 또 다른 요소가 해류다. 특히 해수면에 가까이 흐르는 표층 해류는 바람, 수온 차, 지구 자전 등의 영향으로 따뜻한 난류(Warm-water Current)와 찬 한류(Cold-water Current)가 일정한 방향으로 흐르면서 태양으로부터 받는 열을 지구 전체로 분산하고 지표면 기온에 상당한 영향을 준다(그림 6-11). 해류의 경우 계절 변이와 같은 짧은 주기를 갖기도 하지만 수십 년에 걸친 긴 주기로 수온과 기온의 변화를 일으키기도 한다. 대표적인 사례가 대서양 진동(AMO: Atlantic Multidecadal Oscillation)으로 북대서양에서 약 60~80년 주기로 나타나는 자연 발생적 변동이다. 이 현상은 북대서양 해수면 온도(SST: Sea Surface Temperature)에 변화를 가져와 1장의 스발바르의 온난화를 설명해 준다.

바다가 지구 기온에 영향을 주는 또 다른 예로 엘니뇨(El

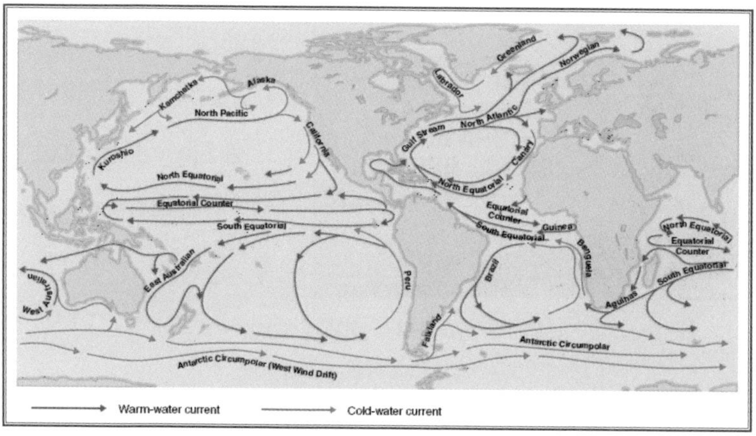

그림 6-11: 태양열 분산을 위해 흐르는 난류와 한류

Niño)와 라니냐(La Niña) 현상을 들 수 있다. 엘니뇨는 동태평양의 해수면 온도가 평년보다 0.5℃ 이상 높은 현상을 말한다. 엘니뇨가 발생하면 지구의 온도가 0.2℃가량 상승하는 것으로 알려져 있다. 이와 반대로 해수면 온도가 평년보다 낮은 현상을 라니냐라 부른다. 두 현상은 2년에서 7년 간격으로 불규칙하게 발생하며 호주에서 남아메리카에 이르는 태평양과 그 외 지역의 날씨에도 영향을 미친다.

유엔사무총장 구테흐스는 2023년에 "슈퍼 엘니뇨"가 나타날 것이라는 정보를 사전에 알고 북반구에서 가장 더운 시기를 기다렸다가, 7월 27일에 "지구온난화 시대는 끝났다. 지구 끓는 시대가 시작됐다(The era of global warming has ended, the era of global boiling has arrived)."라고 선언했다(그림 6-12). 동태평양 해수면 온도가 평년보다 1.5℃ 이상 높아질 때는 "슈퍼 엘니뇨"라고 부른다. 그림 6-13에서 볼 수 있듯이 지난 20세기 후반에 네 차례의 슈퍼 엘니뇨가 발생했다(1972~73, 1982~83, 1997~98, 2015~16).[9]

그림 6-12: 유엔사무총장의 지구 끓는 시대 선언

엘니뇨와 라니냐는 기상 이변이 아닌 지구 열순환에 의한 자연적 현상이지만 이것

9 Climate Variability Indices—A Guided Tour, Norel et al, Geoscience, 2021 https://doi.org/10.3390/geosciences11030128

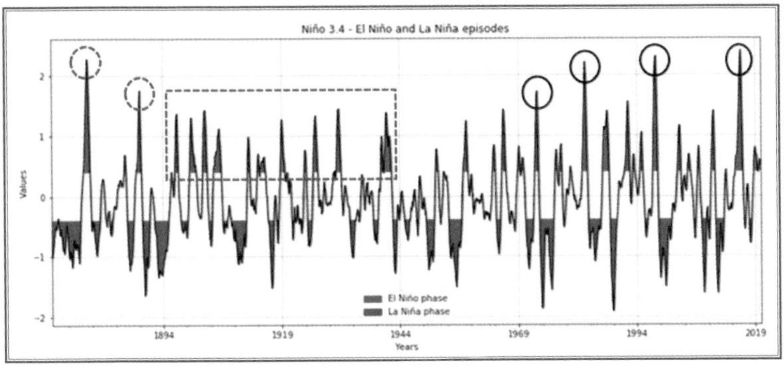

그림 6-13: 지난 150년 동안 태평양의 엘니뇨와 라니냐 현상(1869-2019)

도 인간에 의해 발생하고 지구가 끓는 상태가 된다고 선동하고 있다. 하지만 이것이 거짓임을 그림 6-13의 왼쪽에 있는 슈퍼 엘니뇨 현상에서 확인할 수 있다. 1870년대와 1880년대에 두 차례 슈퍼 엘니뇨가 있었으며 이후 1945년 이전까지 슈퍼 수준에 가까운 엘니뇨가 여러 차례 있었다. 이 시기 인간에 의한 대기 이산화탄소 증가는 없었다.

유엔사무총장 구테흐스가 말한 "지구 끓는다."는 채 2개월도 지나지 않아 더욱 확실한 자료 분석으로 거짓임이 드러났다.[10] 그림 6-14는 1979년부터 2023년까지 매월 지구 기온(지상 2m 기준) 상승 추이에서 벗어난 잔차(Residual)를 표현한 그래프다. 그림에서 보듯이 2023년 7월은 0.35℃, 그리고 8월은 0.39℃를 나타내고 있다. 이 값은 슈퍼 엘니뇨가 왔던

10 July 2023 Global Boiling Panic, John Carr, September 7, 2023 https://www.climate-and-hope.net/climate-change/july-2023-boiling-climate-panic

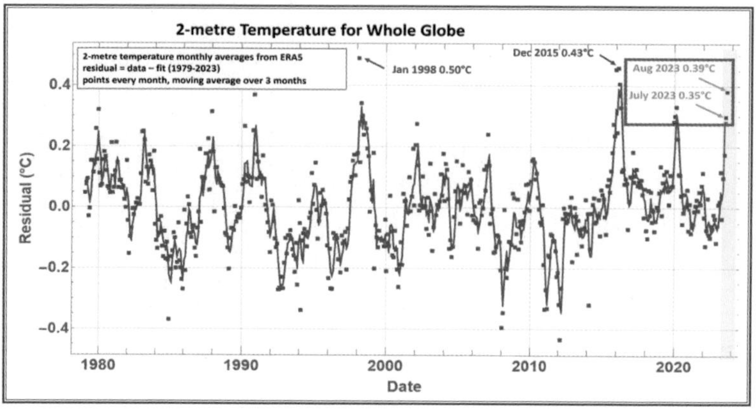

그림 6-14: 지구 기온 상승 추세로부터 계산된 잔차

1998년 1월의 0.50℃와 2015년 12월의 0.45℃보다 크지 않다. 이는 2023년 7월에 한 "지구온난화가 끝나고 끓는 시대가 왔다."라는 선언은 터무니없는 거짓말임을 알려주고 있다.

2023년에 고온 현상이 나타난 이유도 밝혀졌다. 자료 분석에 따르면 태평양의 엘니뇨-남방진동(ENSO: El Niño Southern Oscillation)과 북대서양 진동(NAO: North Atlantic Oscillation)이 주는 기온 상승효과가 우연히 겹쳤기 때문이었다. 그림 6-15의 위쪽 남태평양과 아래쪽 북대서양에서 확인할 수 있는 2023년 7월의 고온 현상이 이를 말해준다. ENSO와 NAO는 바다의 열순환으로 나타나는 자연현상에 불과하며 대기 이산화탄소와 전혀 무관하다. 구테흐스는 자신의 기후 선동에 원군을 만났다고 생각했지만 결과적으로 세계적인 망신만 초래했다. 자료를 분석한 존 카르(John Carr) 박사는 결론에서 "'지구 끓는다'라는 말은 국제적인 큰 책임이 있고 더 잘 알

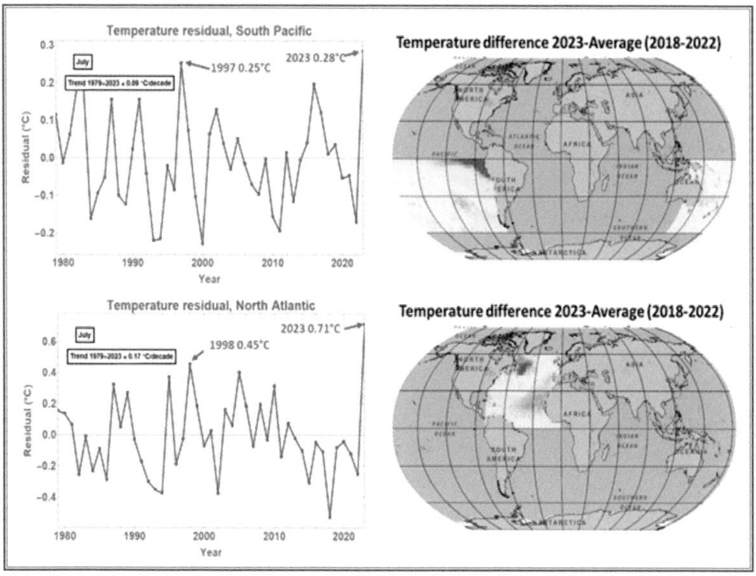

그림 6-15: 2023년 7월 남태평양과 북대서양에서 나타난 고온 현상

아야 할 유엔사무총장이 거짓 선동한 것이다(The 'Global Boiling' response was misleading propaganda from the UN DG who has great global responsibility and who ought to know better)."라며 일침을 가했다.

조작된 기후 대재앙 예측

기후 대재앙을 예측한 유엔 제6차 보고서는 태양·구름·바다는 아무런 영향을 미치지 못하고 인간이 지구의 기온을 변화시킨다는 터무니없는 가정에서 이루어졌다. 여기에는 지

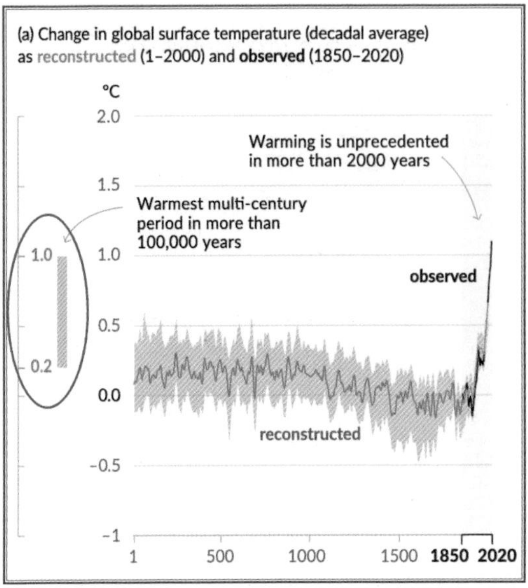

그림 6-16: 유엔 제6차 기후보고서의 과거 기온

난 10만 년 동안 지구 평균기온이 1℃ 이상 올라간 적이 없었다는 명백한 거짓도 포함됐다. 그림 6-16은 6차 보고서에 제시된 그래프로 이 거짓을 확인시켜주고 있다. 그림 6-2에서 볼 수 있듯이 지난 1만 년 동안 지금보다 더웠던 시기가 중세 온난기를 비롯하여 9번이나 있었지만 IPCC는 기후보고서에서 모두 삭제했다. 지금보다 2~3℃가 추웠다는 소빙하기도 사라졌다. 과거에 있었던 온난기와 소빙하기를 두면 인간이 기후를 변화시켰다는 주장을 할 수 없기 때문이다.

또 다른 터무니없는 가정은 산업화의 시점인 1850년부터 지금까지 인간에 의해 1.1℃가 증가했다는 것이다(그림 6-17). 관측된 자료(135쪽 그림 5-6)에 따르면 이 기간 태양의 활동으로 세 번의 냉각기와 온난기가 있었지만 깔끔하게 지워버렸다.

이러한 가정하에 만들어진 컴퓨터 모델을 이용하여 2030년까지 1.5℃ 증가할 것이며, 이후 몇 가지 온실가스 배출 시나리오로 2100년에는 최대 4.4℃까지 증가할 것으로 예측했

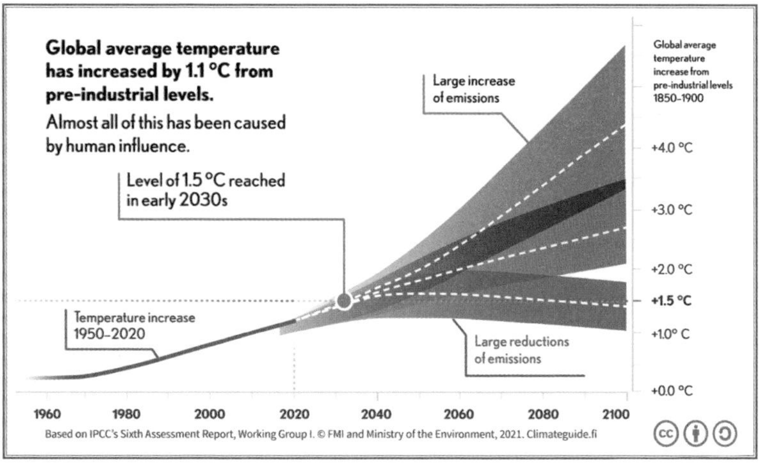

그림 6-17: 유엔 제6차 기후보고서의 1850년 이후부터 2100년까지 예측

다. 산업화 이후 1.5℃ 증가 이하로 유지해야 대재앙을 피할 수 있다면서 선진국을 대상으로 엄청난 양의 온실가스 감축을 요구하고 있다. 지금까지 세계 각국이 약속한 국가별 감축 목표(NDC)를 모두 달성해도 1.5℃ 유지는 불가능할 뿐 아니라 현재 증가 추세에 있는 온실가스 배출량이 2025년부터 내림세를 보이지 않으면 지구의 기후는 회복 불가능한 상태로 간다고 공식 발표했다.

사용한 기후 모델은 의심스럽기 짝이 없다. 기후 모델은 복잡한 수식으로 된 컴퓨터 프로그램이기 때문에 지금까지 일반인들은 이해할 수 없었다. 그래서 언론과 정치인들, 심지어 과학자들까지도 기후 모델의 예측력이 대단한 줄 알고 결과를 그대로 받아들였다. 하지만 기후 선동에 앞장섰던 미국 오바마 정부 에너지부 차관보를 지낸 스티브 쿠닌(Steven

Koonin) 교수가 퇴임 후 유엔 보고서에 사용된 기후 모델의 사기성을 저서를 통해 폭로했다.[11]

그림 6-18은 기후 모델의 개념을 보여주는 것으로 지구의 대기와 바다를 가로세로 100~250km의 수평 격자에 높이 1km(대기)와 100m(바다)가 되는 납작한 박스를 대기에 약 1백만 개, 바다에 1억 개가량 만들고 그 안에서 일어나는 에너지와 물질의 흐름과 반응을 계산하고, 시간이 지남에 이웃 박스로 이동하는 양도 다시 계산한다. 이런 과정을 수백만 번 반복해 100년 후의 기후를 예측한다. 쿠닌 교수는 기후 모델은 사이비 과학이라며 반박 불가의 자체 모순을 저서에 설명하고 있다.

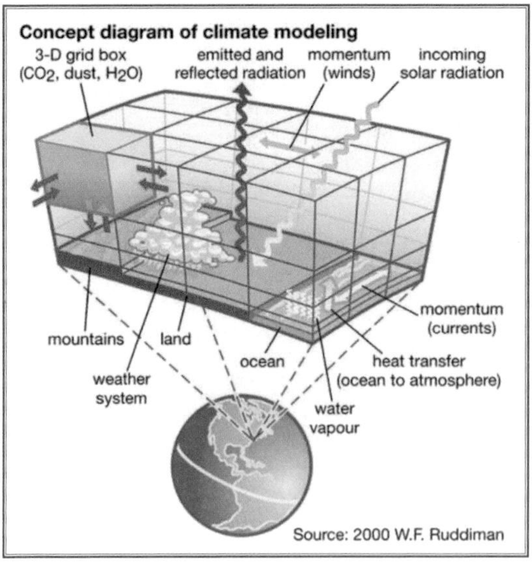

그림 6-18: 기후 모델의 개념

지구 대류권에 도달하는 태양 에너지, 구름과 지표면에 의한 반사, 바닷물의 열 전달 등 복잡한 현상을 1~2℃ 수준의 정밀도로 규명하고 수식으로 표현하여 컴퓨터로 예측한다는 것은 사실상 불가능하

11 지구를 구한다는 거짓말, 스티브 쿠닌 저, 박설영 역, 한경BP, 2022년

다. 또 미래에 일어날 태양, 구름, 바다, 화산활동, 지면 식생 등과 같은 변화무쌍한 요인을 추정하는 것도 과학이 아니다.

지금까지 사용된 IPCC 모델에서 이런 비과학성이 드러났다. 그림 6-19는 기후 모델의 문제점을 개략적으로 보여주고 있다. 여러 개의 모델을 사용하여 큰 폭의 예측 범위를 갖는 기온이 계속 상승하고 있다. 하지만 위성 관측 기온(Realty)은 모델이 예측한 기온 범위 아래에 있으며 증가 추세도 보이지 않고 있다. 이런 결과가 나오는 이유는 모델의 구성과 입력 자료에도 문제가 있을 뿐만 아니라 이산화탄소가 지구의 기온을 상승시킨다는 가정이 잘못됐기 때문이다.

지구의 기온을 결정하는 가장 중요한 요소는 태양과 구름, 그리고 바다다. 지난 20세기 전반기의 온난화, 1960년대와 1970년대의 냉각화, 1980년대 후반부터 10여 년 동안 지속된 온난화, 1997년 5월 이후 18년 동안의 온난화 중단 등

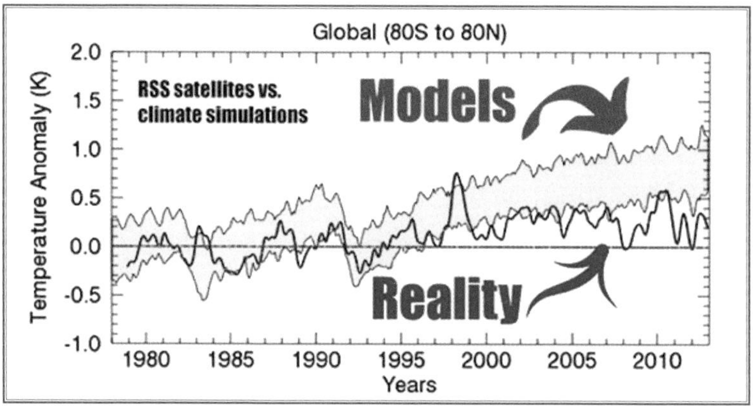

그림 6-19: 기후 모델 예측 결과와 실측값

은 태양 활동과 구름의 자율 조절로 비교적 잘 설명된다. 또 바다에서 일어나는 북대서양 해류의 주기와 슈퍼 엘니뇨 현상이 각각 북극해 빙하의 변화와 유난히 더웠던 해(1998년이나 2016년)를 보여주고 있다.

존 클라우저 박사는 "유엔 기후 예측에는 대략 200배 정도로 주요 프로세스들이 과장되고 오해되고 있다."라고 했다. 그는 지구의 미래 기후를 컴퓨터 모델로 예측하기에는 한계가 있음을 누구보다 잘 알고 있기 때문에 오랫동안 유엔 기후 모델을 비판해왔다. 그리고 지난 3월에 나온 제6차 기후보고서의 충격적인 결과를 보고 IPCC 의장국인 한국에 와서 작심 비난한 것이다. 수많은 기후과학자들이 유엔이 앞장서 퍼트리는 기후 종말론을 사이비 과학이라고 비난하는 이유는 태양, 구름, 바다의 역할은 무시하고 아무런 영향도 줄 수 없는 이산화탄소를 지구를 불태우는 악마의 물질로 만들기 때문이다.

사이비 과학이라는 비난에 대해 유엔재단(UN Foundation) 이사장 티모시 워스(Timothy E. Wirth)는 이렇게 말했다. "우리는 지구온난화 이슈로 가야 한다(We've got to ride this global warming issue). 지구온난화 이론이 잘못되었다 하더라도, 우리는 경제와 환경 정책에서 바른 일을 하게 될 것이다(Even if the theory of global warming is wrong, we will be doing the right thing in terms of economic and environmental policy)."

태양과 바람으로부터 값싸고 풍부하며 신뢰할 수 있는 에너지를 얻을 수 있다면 그보다 더 좋은 것은 없을 것이다. 누구라도 그 길을 가길 바랄 것이다. 하지만 존 클라우저 박사의 말대로 이 터무니없는 사이비 과학으로 수십억 지구 인류의 복지와 세계 경제가 위협당하고 있다. 모든 가정은 기후 환경요금을 내야 하고 기업은 배출권 거래제도에 시달리며 RE100(재생 에너지 100%)까지 강요당하고 있다. 또 자랑스러운 경제 대국은 기후 악당국이라는 오명을 뒤집어쓰고 대재앙 공포나 일삼는 국제기구에 국민 세금을 기후 기금으로 헌납하는 것이 현실이다. 여기에 우리의 아이들은 가짜 기후 대재앙 공포에 울부짖고 악몽에 시달리고 있으며, 수많은 사람들이 기후 우울증으로 삶의 의욕을 잃고 출산 기피증으로도 이어지고 있다. 더구나 자유민주주의 시장경제는 쇠락의 위기에 처하게 됐다.

세계 곳곳에서 수많은 과학자들과 지식인들은 기후 위기는 없으며, 유엔의 탄소 중립 요구는 과학적으로 터무니없고, 기술적으로 실현 불가능하며, 경제적으로도 감당할 수 없을 뿐 아니라 사회적으로도 받아들일 수 없음을 주장하고 있다.

What historians will definitely wonder about in future centuries is how deeply flawed logic, obscured by shrewd and unrelenting propaganda, actually enabled a coalition of powerful special interests to convince nearly everyone in the world that carbon dioxide from human industry was a dangerous, planet-destroying toxin.

Richard Lindzen

제7장

신의 축복에 감사하라

미래 세기의 역사가들이 분명 의아하게 생각할 것은 "어떻게 아주 결함투성이인 논리가 약삭빠르고 끈질긴 선동에 가려져 강력한 이익 집단의 연합체를 만들었고, 그들은 또 어떻게 인간의 산업 활동에서 나오는 이산화탄소가 위험하고 지구를 파괴하는 독성물질이라는 것을 거의 모든 세상 사람에게 확신시킬 수 있었는가"라는 사실이다.

리처드 린젠(Richard Lindzen)
미국 MIT 기후과학 명예교수

제7장
신의 축복에 감사하라

여기까지 읽은 독자들이라면 기후 위기는 없고 탄소 중립은 달성 불가능할 뿐만 아니라 고비용 무효과에 불과하다는 사실을 깨닫게 됐을 것이다. 또 그동안 시달려 온 기후 우울증이나 대재앙 공포로부터 해방될 수 있을 것이다. 하지만 여전히 "왜 많은 사람들은 인류 역사상 가장 축복받은 시대에 살면서 이런 집단 최면에 걸렸는가?"라는 의구심이 남게 될 것이다. 여기에 답이 될 수 있는 이야기를 들려주면서 신의 축복을 오인한 인간의 아둔함이 기후 종말론을 만들었고 대한민국은 기후 악당국이 아니라는 결론으로 책을 마무리하겠다.

철의 여인도 속았던 지구온난화

대부분의 사람들은 미국 부통령을 지낸 앨 고어(Al Gore)가 지구온난화를 국제무대에 올린 최초의 정치인이라고 생각할 것이다. 특히 앨 고어가 2006년에 발표한 『불편한 진실』, 그리고 2007년에 기후변화에 관한 정부 간 협의체(IPCC)와 공동 수상한 노벨평화상 때문에 대부분 그렇게 알고 있다.

하지만 앨 고어의 불편한 진실이 나오기 17년 전 지구온난화를 전 세계에 알린 유명 정치인이 있었다. 바로 1979년부터 1990년까지 영국 수상을 지낸 "철의 여인" 마가렛 대처(Magaret Thatcher) 여사다. 그녀는 1989년 11월 유엔 총회 연설에서 "대기로 배출되는 이산화탄소량이 크게 증가하고 있다. 매년 증가하는 양은 30억 톤이며 산업혁명 이후 배출된 이산화탄소의 절반은 여전히 대기에 남아 있다. 동시에 우리는 이산화탄소를 대기에서 제거할 수 있는 열대 우림이 대규모로 파괴되고 있는 것을 목격하고 있다."라며 세계를 향해 인간에 의한 지구온난화를 경고했다.[1]

그림 7-1: 마가렛 대처 수상의 1989년 유엔 총회 연설

대처 수상은 옥스퍼드대학교에서 화학을 전공하여 대기에 증가하는 이산화탄소의 온실효과에 남다른 관심을 가졌다. 그리고 그녀 곁에는 지구온난화 이론을 지

1 Margaret Thatcher - UN General Assembly Climate Change Speech (1989) https://www.youtube.com/watch?v=VnAzoDtwCBg&t=36s

도해준 영국 보수당 정치인 나이젤 로슨(Nigel Lawson) 경(Lord, 영국 귀족 칭호)이 있었다. 그는 대처 수상 내각에서 에너지부 장관, 재무부 장관 등을 지내면서 집권 기간 내내 국정 운영을 함께했다. 그들은 "화석연료 사용으로 인해 대기에 온실효과를 가진 이산화탄소가 증가하고 있고 동시에 지구가 점점 더워지는 현상이 관측된다. 이제 인류의 지속가능한 미래를 위해 화석연료를 버리고 하루빨리 자연에서 공짜로 주어지는 태양광과 풍력으로 가야 한다."라며 지구온난화 이론에 흠뻑 빠져 있었다. 그리고 내심 당시 영국 정부를 애먹이고 있었던 탄광노조 파업이 미래에는 사라질 것으로 기대했다.

그녀는 1989년 유엔 총회 연설을 통해 지구온난화를 설파하여 전 세계 많은 정치인의 공감을 불러왔고, 1992년 리우 환경정상회의 개최와 유엔기후변화협약 채택에 큰 힘을 불어넣었다. 당시 정치인 대부분은 이산화탄소가 지구온난화를 일으키고 화석연료 사용을 줄이는 것이 지구를 살리고 인류의 지속가능한 미래를 보장하는 것으로 알게 됐다. 하지만 그녀는 2002년에 저술한 회고록[2]에서 자신의 유엔 총회 연설과 지구온난화와 관련된 활동을 후회한다고 기술했다.

그녀는 회고록에 지구온난화 이론의 과학적 문제점을 제기하며 다음과 같이 기술하고 있다. "종말론을 퍼트리는 사람들이 오늘날 가장 좋아하는 주제는 기후변화다. 이것은 그

---

2 Statecraft: Strategies for a Changing World, Magaret Thatcher, 2002

들에게 몇 가지 매력을 가지고 있다. 첫째, 이는 과학이 아주 모호하기 때문에 그(종말론자)들이 틀렸다는 것을 쉽게 입증하기 어렵다." 그리고 그녀는 기후변화를 통제하려는 시도가 사회주의 세계화로 이어질 것을 우려했다. "기후를 바꾸기 위한 계획은 분명 지구 전체 규모를 대상으로 고려될 수 있으므로, 이는 전 세계적이고 초국가적인 사회주의화에 놀라운 명분을 제공한다."라고 적었다.

대처 수상은 1979년 집권 후 신자유주의·보수주의·반공주의로 대표되는 대처주의(Thatcherism)로 당시 심각한 사회경제적 문제를 겪고 있었던 영국병 치유에 성공했다. 그녀는 사회주의는 인간을 위한 정치 이념이 아니라 권력을 얻기 위한 정치인의 속임수라고 할 만큼 사회주의를 혐오했다. 하지만 그녀도 지구온난화 이론에 속아 자신이 그토록 싫어했던 사회주의 세계화에 좋은 명분을 국제무대에 올려준 첫 번째 정치인이 됐고 은퇴 후 과학적 진실을 깨닫고 자신의 잘못을 크게 후회했다. 영국 역사상 매우 성공적인 정치인이었던 그녀는 지구온난화에 대한 회한을 안고 2013년에 사망했다.

마가렛 대처 수상에게 지구온난화 이론을 지도했던 나이젤 로슨 경 역시 자신의 잘못을 깨닫고 정계 은퇴 후 여생을 이를 바로잡는 데 헌신했다. 지구온난화는 태양의 활동이 주원인인 자연 현상에 불과하고 이산화탄소는 지구 생태계의 보약임을 알게 된 그는 유엔 기후변화에 관한 정부 간 협의체(IPCC) 폐쇄를 강력히 주장했다. 그는 지구가 따뜻해지는

그림 7-2: 마가렛 대처 수상과 나이젤 로슨 경

것은 인류의 삶에 좋은 것인데 이를 재앙으로 간주한 교토의정서는 접근 방법 자체가 잘못됐음을 지적했고, "기후변화가 종교 조직의 신앙으로 변해 이에 의문을 제기하면 신성 모독의 형태로 여겨지고 있다."라며 기후 선동 이익집단의 비열함을 비난했다.

그는 2009년 영국의 이스트앵글리아대학교 기후연구소의 이메일이 해킹되는 제1차 기후게이트 사건을 계기로 지구온난화 정책재단(GWPF)을 설립했다. 과학자들이 돈과 권력을 위해 지구에서 관측된 기온 자료를 조작하고 거짓말하는 것이 그에게는 큰 충격이었다. 그는 이 재단을 통해 "기후 위기는 없고 지구온난화 이론은 사이비 과학"임을 영국과 전 세계에 알리는 활동을 열심히 해오다 지난 2023년 4월에 대처 수상처럼 자신의 과거 잘못에 대한 회한을 안고 지구로 돌아갔다.

대처 수상과 로슨 경의 지구온난화에 대한 열정과 회한에 얽힌 아이러니한 인생을 보면 지금 수많은 사람들이 집단 최면에 걸린 현상이 어쩌면 당연할 수도 있다. 온실효과를 가진 이산화탄소가 대기에 증가하고 있고 동시에 지구가 점점 더워지는 현상이 관측된다는 사실을 알게 되면 누구나 그렇게 믿게 된다. 인간에 의해 증가한 이산화탄소의 온실효과는 극히 미약하기 때문에 태양·구름·바다가 주는 자연의 힘에 함몰되어 지구의 기후에는 어떤 영향도 줄 수 없다는 진짜 과학을 알기 전까지는 그렇게 믿을 수밖에 없다.

더구나 인간이 지구의 기후를 망친다는 공포는 사이비 과학으로 포장된 신흥 종교를 만들어냈고 모든 국가를 통제할 수 있는 세계 정부를 꿈꾸는 유엔이 앞장서고 있기 때문에 수많은 사람들의 집단 최면이 가능하게 된 것이다. 여기에 자극적인 뉴스를 선호하는 대중을 만족시키기 위해 모든 언론이 거의 매일 전 세계 기상 이변을 보도하면서 공포의 사이비 과학은 급속도로 퍼져나가게 된 것이다.

신의 축복을 오인한 인간의 아둔함

인류사를 되돌아보면 아사 직전의 가난한 삶은 인류 대다수의 운명이었다. 만성적인 영양결핍과 질병에 시달리면서 생존을 위한 처절한 사투를 벌인 시간이 인류사의 주를 이룬다. 18세기 말 화석연료 사용으로 시작된 산업화는 인류가 가난에서 벗어날 수 있는 더없이 소중한 기회를 주었다. 그 결과 지금은 선진산업국을 중심으로 유례없는 풍요의 시대를 누리고 있다.

산업 문명은 신이 인류에게 준 축복이었다. 가장 큰 축복은 지구에 더 많은 사람이 태어나 풍요롭고 건강한 삶을 누리는 것이었다. 1800년에 9억 9천만이었던 세계 인구는 1900년에 16억을 넘었고, 2022년 11월에는 80억을 돌파했다(그림 7-3). 또 세계 인구의 평균 기대 수명은 1800년 이전에는 30세도 미치지 못했지만, 2023년 현재 73세가 넘었다.

하지만 신의 축복을 오인한 인간의 아둔함은 환경 종말론을 만들어냈다. 급증하는 인구에 당시 심각했던 환경오염과 지구 냉각화가 더해지고 식량 부족과 자원 고갈이 임박할 것이라는 가상의 공포가 선진 산업사회를 지배하면서 지식인들 사이에 산업 문명에 대한 혐오감이 싹트기 시작했다. 1960년에 30억을 돌파한 세계 인구가 1970년대에 들어서면서 40억을 눈앞에 두자 수십억 명이 환경오염과 식량 부족으로 죽게 되는 대재앙이 온다는 경고를 보내기 시작했다.

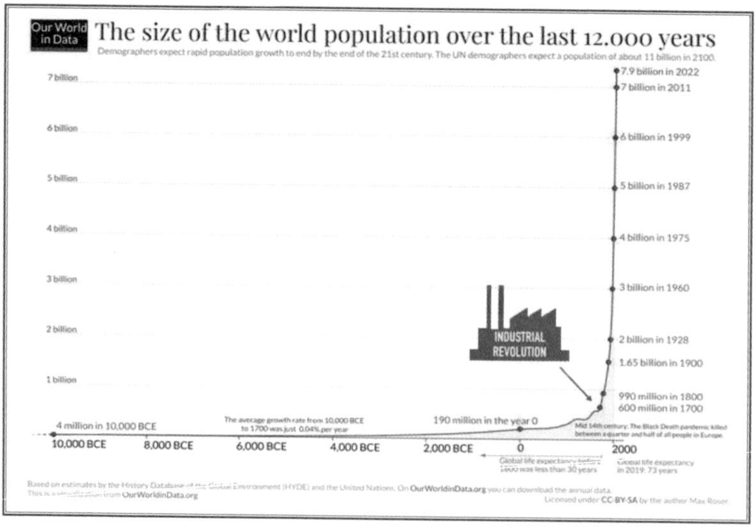

그림 7-3: 산업 문명의 시작과 세계 인구의 변화

초기에는 많은 사람의 공감을 얻었지만 1980년대와 1990년대에 와서 모두 틀렸음이 밝혀졌다. 환경과학과 기술의 발달로 선진 산업도시는 건강하고 쾌적한 장수촌으로 변했고, 전 세계 인류는 더욱 풍요롭고 오래 살 수 있게 됐다. 또 농업기술의 발달과 대기 이산화탄소 증가로 지금 세계는 100억 명이 충분히 먹을 수 있는 식량이 생산되고 있다.

환경 종말론이 허무맹랑한 거짓으로 밝혀진 1990년대에 와서 이번에는 증가하는 이산화탄소와 더워지는 지구를 문제 삼아 기후 종말론이 만들어졌다. 기후 대재앙으로 인간이 거주할 수 없는 지구가 된다는 것이다. 원인은 화석연료 사용으로 인한 이산화탄소 증가이며, 산업 문명과 자유롭고 풍요로운 인류의 삶이 근원적 문제라는 이론이었다. 산업화 이후 급증하는 인구에 공포감을 느꼈던 자들이 이번에는 비슷한 추세를 보이는 이산화탄소마저 두려워했던 것이다(그림 7-4).

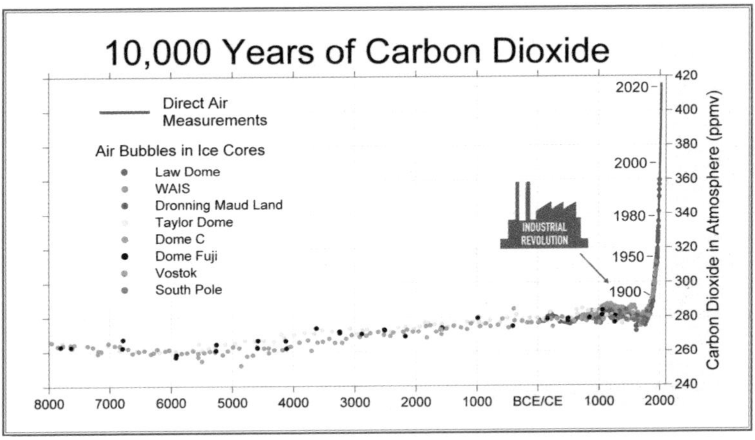

그림 7-4: 산업 문명의 시작과 이산화탄소의 변화

그리고 유엔이 중심이 되어 기후 종말론을 퍼트리고 해결책을 마련하기 시작했다. 지난 1997년, 대기 이산화탄소 농도가 360ppm을 돌파하자 유엔은 교토의정서를 채택했다. 공교롭게도 지구는 이때부터 이산화탄소 증가에도 불구하고 온난화 중단 현상을 보였다. 그리고 증가하는 이산화탄소로 인해 지구는 더욱 푸르게 변했고 식량 생산도 늘어났다. 이산화탄소 증가는 지구온난화의 원인이 아니고 신의 축복임을 이것으로 확인할 수 있었다.

하지만 인간의 아둔함은 이를 부인하기 위해 이때부터 지구의 기후 역사와 관측 데이터를 조작하고 과학적 사실을 왜곡하기 시작했다(4장 107쪽 참고). 또 지구 생명체의 필수물질인 이산화탄소를 재앙을 부르는 악의 물질로 사람들에게 인식시켰다. 2007년에는 이산화탄소 농도가 지구온난화 이슈 시작 연도인 1988년의 350ppm으로 돌아가야 한다는 황당한 단체(350.org)까지 등장했다(그림 7-5). 어른이 다시 아이가 될 수 없듯이 지구는 다시 350ppm으로 돌아갈 수가 없다. 그동안 인류문명은 엄청난 발전을 했고 30억 명에 가까운 세계 인구가 더 늘어났기 때문이다. 그런데 이들은 인

그림 7-5: 350ppm으로 돌아가자는 단체

류를 가난에서 구해준 화석연료를 지구에서 영원히 사라져야 할 혐오물질로 선동하고 있다. 화석연료, 인구 증가, 그리고 이산화탄소 증가가 신이 인간에게 준 축복임을 모르고 대재앙을 부르는 악마로 여기고 있다. 사이비 과학에 속아 자신들이 누리는 현대문명과 풍요로운 삶의 원천을 근본적으로 부정하는 아둔함을 과시하고 있다.

더구나 유엔도 자유로운 인간은 자연을 파괴하고 풍요로운 삶은 지구를 불덩어리로 만든다는 기후 종말론을 내세우며 모든 국가를 통제하는 세계 정부를 원하고 있다. 이로 인해 인간의 자유와 권리를 최우선하는 자유민주주의와 산업문명을 꽃피운 시장경제가 심각한 도전을 받게 됐다. 아이러니하게도 자유민주주의 시장경제의 특별한 혜택을 누려온 소위 깨어있는 지성인이라는 자들이 선진 문명의 자기 혐오증에 걸려 기후 종말론 전파에 앞장서고 있다.

다행히 지구의 기후과학과 역사적 증거는 기후 종말론을 지지해주지 않는다. 증가하는 이산화탄소는 온난화의 원인이 될 수 없을 뿐 아니라 지구 생태계와 인류 번영에 축복임이 과학적 사실로 입증되고 있다. 수많은 과학자들이 오리건 청원(1999년), 맨하탄 선언(2008년), 세계기후선언(2021년) 등에 이르기까지 "기후 위기는 없다."라며 유엔기후변화협약의 부당함을 알리고 있다.

지금 지구에는 기후 종말론을 끝내려는 듯 냉각화 현상이 나타나고 있다. 그림 7-6은 태양 활동을 연구하는 과학자들

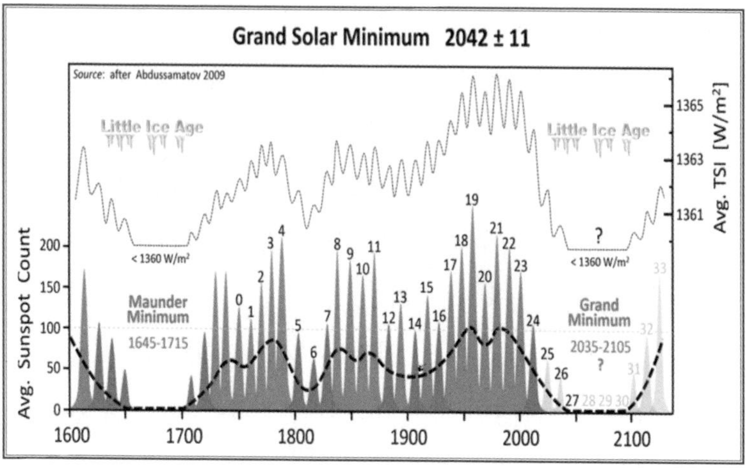

그림 7-6: 태양 흑점 수 변화(1600년부터 미래 예측)

이 예측한 태양의 흑점 활동과 지구에 도달하는 총 일사량(TSI: Total Solar Irradiance)을 보여주는 자료다. 1600년대 소빙하기(Maunder Minimum)와 20세기 후반 지구온난화가 태양의 흑점 활동으로 인한 사실도 함께 보여주고 있다. 이 그래프에서 볼 수 있는 놀라운 사실은 지금 지구에는 2042년을 정점으로 다시 소빙하기(Grand Solar Minimum)가 오고 있다는 것이다.

그림 7-7에 제시한 미국 국립해양대기청(NOAA)이 위성으로 관측한 자료가 다가오는 지구 냉각화를 입증해주고 있다. 그림에서 보듯이 2015년 1월부터 2022년 12월까지의 지구의 기온 추이는 100년 단위로 환산하면 -1.1℃다.[3] 이는 지난 20세기 100년 동안 0.6~0.8℃의 온난화보다 훨씬 빠른 냉각

3 https://www.ncei.noaa.gov/access/monitoring/climate-at-a-glance/global/time-series

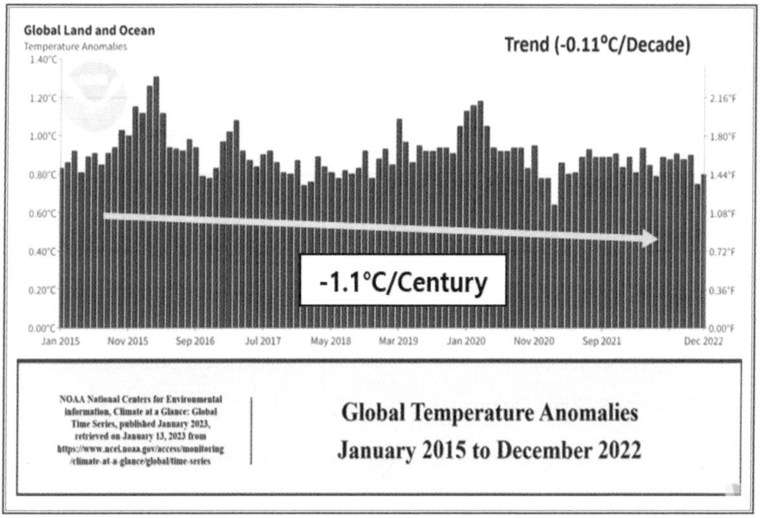

그림 7-7: 미국 국립해양대기청에서 관측한 지구 냉각화 추세

화 추세다.

구테흐스 유엔사무총장을 비롯한 기후 선동가들은 대기 이산화탄소와는 전혀 무관한 2023년 슈퍼 엘니뇨(6장 176쪽 참고)를 반기며 지구 열대화(Global Boiling)를 선포했지만 냉각화 현상은 지구 곳곳에서 관측되고 있다. 다음은 구글에서 "2023년 기록적인 추위(2023 record cold)"로 검색한 결과다.

- 2023년 1월 14일, 러시아 시베리아의 통구라흐(Tongulakh)에서 역사상 최저 기온인 -62.4℃가 기록됐다.[4]
- 2023년 2월 4일, 캐나다 노바스코샤주 핼리팩스(Halifax)

4 https://www.theweathernetwork.com/en/news/weather/forecasts/worlds-coldest-air-in-2023-was-just-recorded-and-its-on-the-move-to-canada

공항은 역대 최강 추위 -43℃가 기록됐다.[5] 다른 많은 곳에서도 -40℃ 이하의 신기록을 세우는 등 캐나다 기온이 기록적으로 떨어졌다. 2월 19일에는 누나부트주의 셰퍼드 베이(Shepherd Bay)에서 -49.6℃를 기록했다.

- 2023년 3월 7일, 스코틀랜드 킨브레이스(Kinbrace)의 -15.2℃를 비롯하여 영국 여러 곳에서 -15℃ 이하로 떨어졌다.[6] 2010년 이래 가장 추운 영국의 3월이었다.
- 2023년 2월 4일, 미국 뉴햄프셔주의 워싱턴산(Mount Washington) 정상에서는 -78℃가 기록됐다.[7] 이는 미국 관측 역사상 최강 추위였다. 한편 메인주 카리부(Caribou)의 국립기상청(NWS: National Weather Service)은 "서리 지진(Frostquakes)" 현상을 보고받았다. 이는 지진처럼 땅을 흔들어놓고 울리는 느낌을 일으키는 현상으로, 강추위로 땅이나 지하수에서 갑자기 균열이 발생할 때 나타난다.[8]
- 2023년 2월 3일, 미국 매사추세츠주 보스턴에서는 -23℃가 관측되어 100년 넘게 유지된 최저 기록을 갱신하고 공립학교 휴교를 공포했다. 그 외 로드아일랜드주

---

5 https://www.careourearth.com/record-breaking-cold-waves-during-2022-2023-and-global-warming/

6 https://www.independent.co.uk/news/uk/home-news/coldest-night-of-the-year-uk-b2296340.html

7 https://www.washingtonpost.com/weather/2023/02/04/mount-washington-wind-chill-record/

8 https://tallbloke.wordpress.com/2023/02/05/arctic-blast-brings-record-cold-to-the-us/

프로비던스(Providence)도 -23℃로 떨어져 역대 최저 기록인 -19℃를 크게 밑돌았으며 뉴욕주, 메인주, 매사추세츠주 등 여러 곳에서 역대 최저 기온을 기록했다.[9]

- 2023년 6월 1일, 북유럽 핀란드에서 라플란드 기상 관측소에서 역대 최저 여름철 기온인 -7.7℃를 기록했다. 이는 1962년 6월 3일 -7℃ 이후 최저 기온이었다.[10]

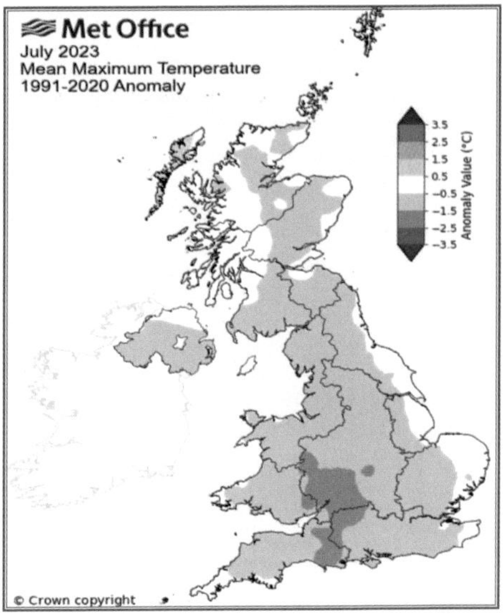

그림 7-8: 영국 기상청 발표 2023년 7월 기온

그 외 남아메리카, 호주, 남극대륙 등에도 역대 최저 기온을 기록했다는 보도는 계속되고 있다. 최근 영국 기상청(Met Office)은 2023년 7월에 전 지역에서 관측된 기온이 1991년 이후 가장 낮은 7월이었다고 발표했다(그림 7-8). 미국 캘리포니아주는 2023년이 2011년 이후 가장 시원한 여름이었

9 https://www.nytimes.com/live/2023/02/04/nyregion/cold-arctic-blast-weather

10 https://www.theguardian.com/environment/2023/jun/05/weather-tracker-finland-sees-coldest-june-on-record

으며,[11] 북유럽 스웨덴에서는 이례적으로 9월에 38cm나 되는 첫눈이 왔다.[12] 이는 1932년 9월에 온 21cm보다 더 많은 적설량이다. 특히 주목해야 할 것은 2021년 10월 미국 『워싱턴 포스트』가 보도한 남극대륙이 지난 50년 동안 가장 추웠다는 기사다.[13] 남극대륙에서 추운 시기인 4월부터 9월까지 남극 지점의 2021년 평균 기온이 -61.0℃였으며 이는 지난 1987(-60.6℃) 다음으로 낮은 기온이다(그림 7-9).

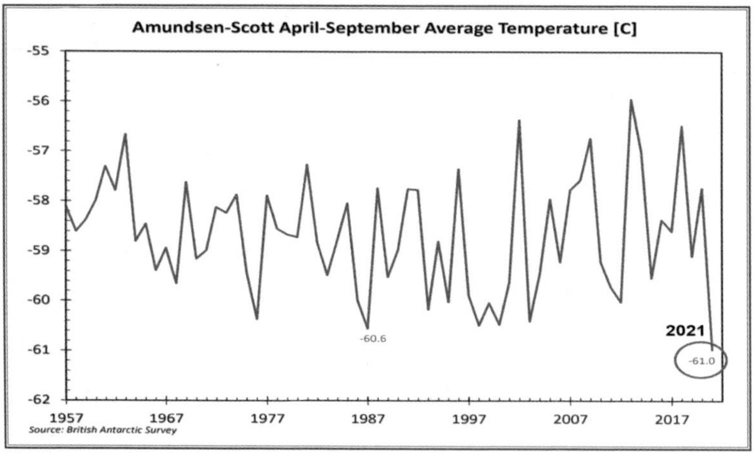

그림 7-9: 남극대륙 극지점에서 관측된 추운 6개월 평균 기온

11 https://www.nytimes.com/2023/09/21/us/california-cool-summer-climate-change.html

12 https://polishnews.co.uk/sweden-first-snowfall-a-local-record-was-broken/

13 https://www.washingtonpost.com/weather/2021/10/01/south-pole-coldest-winter-record/

대한민국은 기후 악당국이 아니다

1970년대 환경 종말론에서는 산아 제한이 대재앙을 막기 위한 해법이었다. 초대 유엔환경계획 사무총장 모리스 스트롱은 "우리 스스로 인구를 줄이지 않으면 자연이 우리 대신 무자비하게 줄여줄 것이다."라고 했다. 그래서 많은 나라가 아이를 적게 낳기 위한 정책을 추진했다. 우리나라도 강력한 산아 제한국이었다. 하지만 단 30년 만에 180도 바뀌었다. 이제는 저출산이 대재앙이라며 모든 선진국이 다자녀 정책을 추진하고 있지만 별로 성공적이지 못하다.

인구를 두고 30년 앞섰던 일들이 지금 이산화탄소에서 벌어지고 있다. 증가하는 이산화탄소가 대재앙을 부른다고 수많은 감축 정책을 시행하고 있다. 모든 정책이 고비용 무효과에 불과하지만 지구를 살려야 한다며 무모한 저탄소 정책을 추진하고 있다. 과거 산아 제한이 대세였듯이 지금은 탄소 중립이 우리 사회를 지배하고 있다. 하지만 머지않아 다자녀 정책 같은 일이 이산화탄소에서도 벌어지게 될 것이다. 도래하는 냉각화로 인류는 또 한 번 기조를 180도 바꾸려 하겠지만 효과는 기대하기 어려울 것이다.

지금 우리는 1998년 노벨물리학상 수상자 로버트 로플린 미국 스탠포드대 교수의 지혜를 새겨들어야 한다. "그냥 가만히 두라. 기후는 인간의 통제 능력 밖이다. 인간은 기후변화에 대해 어떤 일도 할 수 없고 해서도 안 된다. 기후변화는 지질학적 시간의 문제로 지구에서 일상적으로 일어나는 일이다."

특히 사이비 과학에 속아 대재앙 공포를 퍼트리고 대한민국을 기후 범죄국으로 만들어 국민 생활과 산업 활동을 규제하고 국가 예산을 유엔에 죗값으로 가져다 바치려는 기후 선동가들은 로플린 교수의 말을 명심해야 한다. 로플린 교수는 지난 2004년 7월부터 2년 동안 우리나라 카이스트 총장으로 재직하기도 했던 세계적인 물리학자다.

이제 우리는 진짜 기후과학으로 집단 최면에서 깨어나 대한민국은 결코 기후 악당국이 아니라 신의 축복에 순종하는 국가임을 만천하에 알려야 한다. 아울러 영국 마가렛 대처 수상이 우려했던 사회주의 세계화에 분연히 맞서 자유대한민국의 주권과 국민의 자유와 재산을 지켜야 한다.

정말 시급한 것은 하루빨리 우리의 아이들이 기후 공포에서 벗어나 희망찬 미래를 꿈꾸며 살아갈 수 있도록 진짜 환경과 기후를 교육하는 일이다. 뜻있는 교사, 학부모, 교육계의 동참을 호소한다. 끝으로 모든 국민이 기후 우울증을 떨쳐버리고 신의 축복에 감사하며 즐겁고 활기찬 삶을 살아가길 바란다.

에필로그: 자유민주주의 헌법정신으로 돌아가자

대한민국 헌법 제35조 1항에는 "모든 국민은 건강하고 쾌적한 환경에서 생활할 권리를 갖는다."라는 환경권이 명시되어 있다. 그리고 헌법 어디에도 "기후 위기에 대응하라."라는 문구는 없다.

하지만 문재인 정부는 5년 내내 기후 위기에 선제 대응한다면서 전국 곳곳에 태양광과 풍력 발전을 설치하고, 국제 민간단체 캠페인에 불과한 RE100을 정부가 나서서 기업체에 독려하기까지 했다. 그 결과 전기요금 인상과 수십조에 달하는 한국전력 적자를 가져왔다. 2020년에는 2050 탄소 중립을 선언했고, 2021년에는 국가 온실가스 배출량을 2030년까지 2018년 대비 40% 감축을 약속했다. 이는 경제적 자살이나 다름없다. 최근 한국은행이 내놓은 탄소 중립이 경제성장률을 연평균 0.6%포인트 하락시킬 것이라는 충격적인 분석이 이를 말해준다.[1]

그동안 기후 위기 대응으로 경제적 자살뿐만 아니라 헌법에 보장된 환경권도 방치됐다. 그 결과 우리나라 제1의 도시라는 서울에서 시민의 환경성 질환 경험률이 2014년 16.2%에서 2022년 23.1%로 증가했다.[2] 먹는 물로 인해 발생하는

1 https://hankyung.com/article/2023092572191

2 https://si.re.kr/node/65842

염증성 장질환이 전국적으로 계속 증가하고 있다.[3] 이는 수돗물에 들어있는 미세플라스틱이 원인임이 밝혀졌고 주요 정수장에서 검출됐다.[4] 또 전국 주택의 라돈 실내 기준치 초과율이 22%에 달하고,[5] 여성 유방암 발병률이 계속 증가하여 딸이 엄마보다 유방암에 걸릴 위험이 2배 이상 높아지게 됐다.[6] 그뿐만 아니라 자폐아 비율이 세계에서 홍콩 다음으로 높다는 사실(1만 명당 263명)이 해외에도 알려졌고,[7] 지난 10년 동안 자폐성 장애인 등록률이 2배나 증가했다.[8] 그 외 혈액암 발생이 최근 5년간 20% 가까이 증가했고,[9] 당뇨병 환자는 10년간 2배가량,[10] 심부전 유병률이 20년간 3배나 증가한 것으로 보고됐다.[11]

이러한 질병들의 원인이 우리가 살아가는 생활환경에 있음이 밝혀지고 있지만 우리 정부는 거들떠보지도 않았다. 정부가 환경을 돌봐야 하는 첫 번째 이유는 국민이 건강하고 쾌적하게 살아갈 수 있도록 하기 위함이다. 우리 헌법도 그

---

3 http://newsmp.com/news/articleView.html?idxno=205316

4 https://joongang.co.kr/article/22142405#home

5 https://chosun.com/site/data/html_dir/2013/01/25/2013012500181.html

6 https://ytn.co.kr/_ln/0103_201510291200338297

7 https://ibcces.org/certifications-asia1/statistic_internationalrates-autism-among-children-worldwide-as-of-2020/

8 https://m.hankookilbo.com/News/Read/A2022083116560004200

9 http://newsworker.co.kr/news/articleView.html?idxno=132766

10 https://chosun.com/site/data/html_dir/2019/03/28/2019032800387.html

11 https://medicaltimes.com/Main/News/NewsView.html?ID=1155549

렇게 명시하고 있다. 하지만 기후 위기 소동으로 인간을 악마화하고 헌법의 환경은 포기했다. 자유로운 인간은 자연을 파괴하고 풍요로운 삶은 지구를 불덩어리로 만든다는 것이다. 그래서 인간의 자유와 권리를 규제하고 억압해야 한다는 사회주의가 환경을 지배하게 됐다. 지금은 인간을 위하는 환경이 아니라 인간을 해하는 환경이 됐다.

1972년 유엔이 스톡홀름 인간환경회의를 개최하고 환경을 돌보기 시작하면서 발표한 인간환경선언문에서 "환경은 인간의 복지와 인권, 그리고 생존권이다."라며 인간 존엄성을 강조했다. 우리나라는 유엔의 영향으로 인간 존엄성을 지키기 위한 환경권을 1980년부터 헌법에 명시했다. 하지만 지금 유엔은 인간 존엄성을 버리고 인간 악마론을 택했다. 그래서 우리도 그 뒤를 앞장서 따르고 있다.

이 책을 통해 기후 위기 허구성을 확인하고 인간 존엄성을 찾아야 한다. 인간은 지구를 파괴하는 악마가 아니다. 과학은 수많은 관측 사실로 지금의 지구온난화는 자연현상이고 이산화탄소 증가는 신의 축복임을 알려주고 있다. 또 지난 100년의 환경사는 자유민주주의 시장경제가 환경과 경제를 함께 얻는 최선의 제도임을 보여줬다.

이제 우리는 자유민주주의 헌법정신으로 돌아가 모든 국민이 건강하고 쾌적한 삶을 누리는 자유롭고 풍요로운 대한민국을 향해 나아가야 한다.

기후 위기 허구론: 대한민국은 기후 악당국인가?

초판 1쇄 발행일 2023년 10월 30일
지은이 박석순
펴낸이 박영희
편　집 조은별
디자인 김수현
마케팅 김유미
인쇄·제본 AP프린팅
펴낸곳 도서출판 어문학사
서울특별시 도봉구 해등로 357 나너울카운티 1층
대표전화: 02-998-0094 / 편집부1: 02-998-2267, 편집부2: 02-998-2269
홈페이지: www.amhbook.com
인스타그램: amhbook
페이스북: www.facebook.com/amhbook
블로그: 네이버 http://blog.naver.com/amhbook
e-mail: am@amhbook.com
등록: 2004년 7월 26일 제2009-2호

ISBN 979-11-6905-022-7(03450)
정가 15,000원